高等职业教育机电类专业"十三五"规划教材

机械制图与计算机绘图

JIXIE ZHITU YU JISUANJI HUITU

叶 巍 路大勇 主 编

杨 乐 副主编

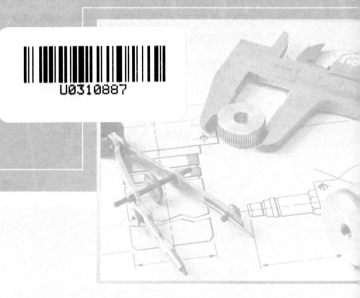

U0310887

中国铁道出版社

CHINA RAILWAY PUBLISHING HOUSE

内 容 简 介

本书是一本机械制图与AutoCAD知识与技能的综合性项目化体例教材。内容共分为10个项目,包括:平面图形绘制、三视图的绘制、零件图的绘制、标准件和常用件的绘制、装配图的绘制、AutoCAD绘图环境设置、二维图形绘制、二维图形编辑、文字注释与尺寸标注、图块操作等。机械图的举例源于真实的机械产品实例,计算机绘图采用了AutoCAD 2016版软件。此外,为教学方便和学生自学,教材采用项目引领、任务驱动模式,每个项目均有适合学生能力的任务练习。

本书适合作为高等职业教育机械制造类、数控类、汽车类、机电类等专业工程制图课程的教材,也可作为相关技术人员、管理人员和技术工人的短期培训教材和参考书。

图书在版编目(CIP)数据

机械制图与计算机绘图/叶巍,路大勇主编. —北京:
中国铁道出版社,2018.9
高等职业教育机电类专业"十三五"规划教材
ISBN 978-7-113-24661-7

Ⅰ.①机… Ⅱ.①叶… ②路… Ⅲ.①机械制图-高等
职业教育-教材②计算机制图-高等职业教育-教材
Ⅳ.①TH126②TP391.72

中国版本图书馆CIP数据核字(2018)第189926号

书	名:	机械制图与计算机绘图
作	者:	叶 巍 路大勇 主编

策 划:	魏 娜	读者热线:(010)63550836
责任编辑:	何红艳 包 宁	
封面设计:	付 巍	
封面制作:	刘 颖	
责任校对:	张玉华	
责任印制:	郭向伟	

出版发行:中国铁道出版社(100054,北京市西城区右安门西街8号)
网 址:http://www.51eds.com
印 刷:北京虎彩文化传播有限公司
版 次:2018年9月第1版   2018年9月第1次印刷
开 本:787mm×1092mm 1/16 印张:15.5 字数:376千
书 号:ISBN 978-7-113-24661-7
定 价:48.00元

本书为适应高等职业教育的项目化课程改革而编写，以满足机械制造类、数控类、汽车类专业机械制图课程的需求，根据近年来发布的《机械制图》《技术制图》等国家标准编写而成。

本书经过长时间的酝酿，总结了教学一线教师在工程制图教学中长期积累的丰富经验以及近年来的教学研究及改革成果，同时汲取兄弟院校同类教材的优点，力求通过项目化教材推进高等职业教育改革进程，提高高端技能型人才的培养质量。

《机械制图与计算机绘图》是工科专业开设的一门技术基础课程。本书从学生就业岗位的需要出发，以培养学生空间想象能力、读图能力、绘图能力为目的，解决生产实际问题为准则。它将为学生后续专业课的学习提供前期准备，同时对于培养学生的工程实践能力奠定坚实的基础。

本书采用项目化体例，对传统的机械制图教学内容进行了适当的精简，力求突出高职高专教育读画结合、学以致用的特点，从而全面提升学生实际的工作能力。书中含有项目概况、知识储备、案例教学、工作任务等环节，内容包括制图的基本知识和技能，正投影规律、组合体的投影，视图的表达方法、标准件和常用件的绘制、零件图、装配图、AutoCAD 基础、二维图形绘制与编辑、文字注释与尺寸标注、图块操作等 10 个项目。考虑到便于教师组织教学，同时注重满足学生自学和课后的消化吸收，采取了深入浅出、循序渐进的讲解方式，文字叙述力求做到通俗易懂，简明扼要，图文并茂；图例选取尽量采用经典模型，贴近工程实际。计算机绘图教学部分既有基础性的知识和案例讲解，也有较高难度的案例演练，实例步骤详细，可帮助学生快速掌握基础操作。书中采用了微视频方式展示教学内容和案例，可以通过扫描二维码的方式获取，方便学生自主学习。

本书由沧州职业技术学院叶巍、路大勇任主编，杨乐任副主编，全书由叶巍统稿。沧州职业技术学院耿玉香教授审阅了全书，提出了许多宝贵意见，在此表示衷心的感谢。由于时间仓促，编者水平有限，书中错误在所难免，敬请读者批评指正。

编　者
2018 年 6 月

CONTENTS | 目 录

项目 ❶ 平面图形绘制

在工程技术领域中,为了准确表达机器、建筑等结构形状、尺寸大小及技术要求,根据投影原理和国家标准规定绘制的图样,称为工程图样。

设计者通过工程图样表达自己的设计意图,让阅读者理解。可见,图样是交流设计思想的一种沟通方式,是工程界共同的技术语言。因此,从事生产技术工作的人必须具备识读和绘制工程图的能力。

【知识目标】

★熟悉国家技术制图标准。

★掌握常用的绘图工具和仪器使用方法。

★掌握平面图形分析方法和作图方法及步骤。

★熟悉徒手绘制平面图形的技巧。

【能力目标】

★能够正确使用绘图仪器,按国家标准手工绘制平面图。

★能够正确确定图幅、比例、字体、线型。

★能够正确分析图形构成,正确绘制平面图形。

★能够徒手绘制平面图形。

知识储备 1.1　制图国家标准的基本规定

国家标准简称"国标",其代号为"GB"("GB/T"为推荐性国标),例如:GB/T 14689—2008,表示推荐性国家标准,标准编号为 14689,批准发布的年代为 2008 年。

该部分介绍国家标准《机械制图》中有关图纸幅面、比例、字体、图线、尺寸注法等五项内容,其他相关标准将在后续知识中陆续介绍。

一、图纸幅面及格式(GB/T 14689—2008)

(一)图纸幅面

国标规定的基本幅面有五种,代号为 A0、A1、A2、A3、A4,其基本尺寸见表1-1。必要时,也允许选用加长幅面,其加长尺寸可根据基本幅面的短边成整数倍增加。

图纸幅面及格式

表 1-1　图纸幅面尺寸

幅面代号	A0	A1	A2	A3	A4
$B×L$	841×1189	594×841	420×594	297×420	210×297
a	25				
c	10			5	
e	20		10		

(二)图框格式和尺寸

图框用粗实线画出,其格式分为留有装订边和不留装订边两种,按看图方向不同又可分为横装和竖装,如图 1-1 和图 1-2 所示,图框的尺寸见表 1-1。

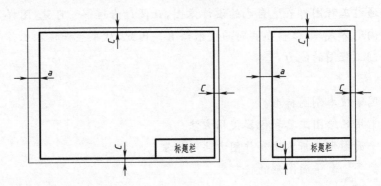

图 1-1　留有装订边的图框格式

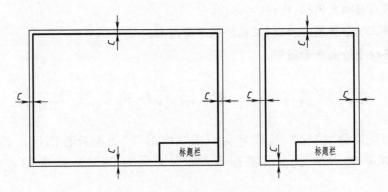

图 1-2　不留装订边的图框格式

(三)标题栏(GB 1069.1—2008)

每张图纸上都应画出标题栏,标题栏位于图纸的右下角。国标规定的标题栏格式如图 1-3 所示。为简化起见,制图作业中的标题栏可采用图 1-4 所示的格式。

二、比例(GB/T 14690—2008)

比例是指图样中的图形与其实物相应要素的线性尺寸之比。国标规定的比例包括原值比例、放大比例、缩小比例三类,绘制图样时一般在表 1-2 中选用,必要时,也允许在表 1-3 中选用。

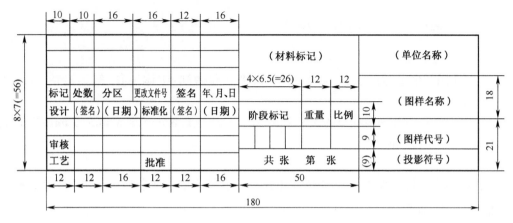

图 1-3　国标规定的标题栏

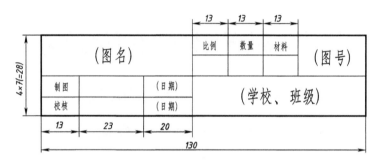

图 1-4　制图作业中的标题栏

比例一般注在标题栏中的比例栏内,比例符号应以":"表示。不论采用什么比例,图样中的尺寸均应按机件的实际大小标注。

表 1-2　一般选用的比例

种　类	比　例		
原值比例	$1:1$		
放大比例	$2:1$ $2 \times 10^n:1$	$5:1$ $5 \times 10^n:1$	$10:1$ $1 \times 10^n:1$
缩小比例	$1:2$ $1:2 \times 10^n$	$1:5$ $1:5 \times 10^n$	$1:10$ $1:1 \times 10^n$

注:n 为正整数。

表 1-3　允许选用的比例

种　类	比　例				
放大比例	$4:1$ $4 \times 10^n:1$	$2.5:1$ $2.5 \times 10^n:1$			
缩小比例	$1:1.5$ $1:1.5 \times 10^n$	$1:2.5$ $1:2.5 \times 10^n$	$1:3$ $1:3 \times 10^n$	$1:4$ $1:4 \times 10^n$	$1:6$ $1:6 \times 10^n$

注:n 为正整数。

三、字体(GB/T 14691—1993)

(一)基本要求

(1)在图样中书写的汉字、数字和字母,都必须做到:字体工整、笔画清楚、间隔均匀、排列整齐。

(2)字体高度(用 h 表示)的尺寸系列为 1.8 mm、2.5 mm、3.5 mm、5 mm、7 mm、10 mm、14 mm、20 mm。

(二)汉字

汉字应写成长仿宋体,并采用国家正式公布的简化字。汉字字高不应小于 3.5 mm,字宽为 $h/\sqrt{2}$(即约等于字高的 2/3)。

书写长仿宋体的要领是:横平竖直,注意起落,结构匀称,填满方格。长仿宋体汉字示例如图 1-5 所示。

10号字

字体工整笔画清楚排列整齐间隔均匀

7号字

横平竖直注意起落结构匀称填满方格

5号字

机械制图尺寸比例线型字体锥度斜度零件装配

图 1-5 长仿宋体汉字书写示例

(三)字母和数字

字母和数字分为 A 型和 B 型。A 型字体的笔画宽度 d 为字高 h 的 1/14,B 型字体的笔画宽度 d 为字高 h 的 1/10。同一张图样上只允许选用一种字体。

字母和数字可写成斜体或直体,一般采用斜体书写。斜体字的字头向右倾斜,与水平基准线成 75°,如图 1-6 所示。

(a)大写斜体

(b)小写斜体

图 1-6 字母和数字书写示例

（c）数字斜体　　　　　　　　　　　　（d）数字直体

（e）罗马数字

图 1-6　字母和数字书写示例（续）

四、图线（GB/T 4457.4—2002）

机械图样是用不同型式的图线绘制而成的。为了使绘图和看图有一个统一的准则，国家标准对图线的名称、型式、尺寸、画法及一般应用等都做了统一的规定。

（一）基本线型及其应用

用于机械图样的基本线型有 9 种，见表 1-4。图线的应用示例如图 1-7 所示。

表 1-4　基本线型及应用

图线名称	图线型式	图线宽度	一般应用
粗实线	——————	d（优先采用 0.5 mm 和 0.7 mm）	可见棱边线；可见轮廓线；相贯线；螺纹牙顶线；螺纹终止线；齿顶圆（线）；剖切符号用线等
细实线	——————	d/2	过渡线；尺寸线；尺寸界线；指引线和基准线；剖面线；重合断面的轮廓线；螺纹牙底线；表示平面的对角线；辅助线；投影线；不连续同一表面连线；成规律分布的相同要素连线等
波浪线	～～～	d/2	断裂处的边界线；视图与剖视图的分界线
双折线	～∧～	d/2	断裂处的边界线；视图与剖视图的分界线
细虚线	– – – – – –	d/2	不可见棱边线；不可见轮廓线
粗虚线	▬ ▬ ▬ ▬ ▬	d	允许表面处理的表示线
细点画线	—·—·—·—	d/2	轴线；对称中心线；分度圆（线）；孔系分布的中心线；剖切线
粗点画线	▬·▬·▬	d	限定范围表示线
细双点画线	—··—··—	d/2	相邻辅助零件的轮廓线；可动零件极限位置的轮廓线；成形前轮廓线；剖切面前的结构轮廓线；轨迹线；中断线等

机械图样中的图线分粗细两种，其宽度比例为 2∶1。图线宽度应按图样的类型和尺寸大小在下列数系中选择，单位为 mm：

0.13,0.18,0.25,0.35,0.5,0.7,1,1.4,2

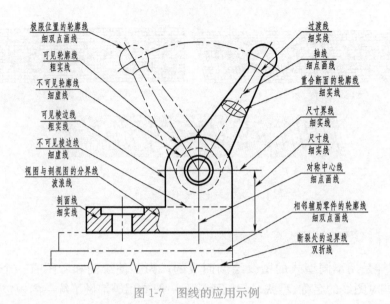

图 1-7　图线的应用示例

(二)绘制图线时的注意事项(见图 1-8)

(1)在同一图样中,同类图线的宽度应一致。虚线、点画线及双点画线的线段长度和间隔应各自大致相同。

(2)两条平行线(包括剖面线)之间的距离不应小于粗实线的两倍宽度,其最小距离不得小于 0.7 mm。

(3)点画线及双点画线的首末两端应是线段而不是点。画圆的对称中心线时,圆心应为线段的交点,细点画线应超出图形轮廓约 2~5 mm。在较小图形上绘制点画线和双点画线有困难时,可用细实线代替。

(4)各种图线相交时,应以线段相交。当虚线位于粗实线的延长线上时,虚线与粗实线之间应留有空隙。

(5)当两种或两种以上的图线重合时,其优先绘制的顺序是:粗实线→虚线→细实线→细点画线→双点画线。

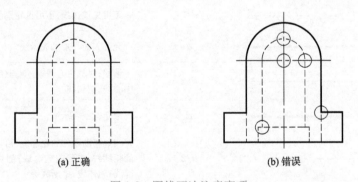

(a) 正确　　　　　　　　　　　(b) 错误

图 1-8　图线画法注意事项

五、尺寸注法(GB/T 4458.4—2003、GB/T 16675.2—1996)

图样中除包含表示形体形状的图形外,还需要按照国家标准的要求,正确、完整、清晰地标注尺寸,以确定形体的真实大小,为机件的加工及检验提供依据。

(一)基本规则

(1)机件的真实大小,应以图样上所注尺寸数值为依据,与图形的大小及绘图的准确度无关。

(2)图样中(包括技术要求和其他说明)的尺寸,以毫米为单位时,不需标注单位符号(或名称),如采用其他单位时,则应注明相应的单位符号。

(3)图样中所标注的尺寸,为该图样所示机件的最后完工尺寸,否则应另加说明。

(4)机件的每一尺寸,一般只标注一次,并应标注在反映该结构最清晰的图形上。

(二)尺寸的组成及线性尺寸的注法

一个完整的尺寸,一般由尺寸界线、尺寸线、尺寸线终端和尺寸数字组成,如图 1-9 所示。

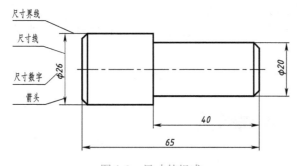

图 1-9　尺寸的组成

1. 尺寸界线

(1)尺寸界线用细实线绘制,并应由图形的轮廓线、轴线或对称中心线处引出,也可以利用轮廓线、轴线或对称中心线作尺寸界线,如图 1-10(a)所示。

(2)尺寸界线一般应与尺寸线垂直,必要时才允许倾斜,如图 1-10(b)所示。

(3)在光滑过渡处标注尺寸时,应用细实线将轮廓线延长,从它们的交点处引出尺寸界线,如图 1-10(b)所示。

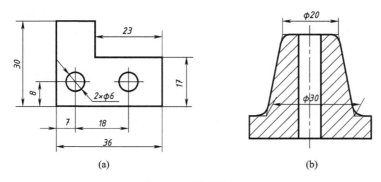

(a)　　　　　　　　　　(b)

图 1-10　尺寸界线

2. 尺寸线

(1)尺寸线必须用细实线单独画出,不能用其他任何图线代替,也不能与其他图线重合或画在其延长线上,如图 1-11 所示。

(2)标注线性尺寸时,尺寸线应与所标注的线段平行。

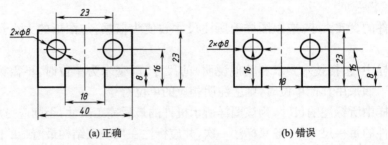

图 1-11 尺寸线的正误对比

3. 尺寸线终端

尺寸线的终端形式有两种:

(1)箭头。箭头画法如图 1-12(a)所示。

(2)斜线。斜线用细实线绘制,其画法如图 1-12(b)所示。当采用斜线时,尺寸线与尺寸界线应相互垂直。

机械图样中一般采用箭头作为尺寸线的终端。

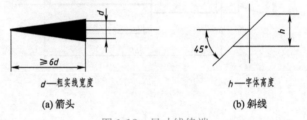

图 1-12 尺寸线终端

4. 尺寸数字

(1)线性尺寸的数字一般应注写在尺寸线的上方,也允许注写在尺寸线的中断处,如图 1-13(a)(c)所示。

(2)线性尺寸数字的方向,有以下两种注写方法,一般应采用方法 1 注写;在不致引起误解时,也允许采用方法 2。在同一张图样中,应尽可能采用同一种方法。

方法 1:数字应按图 1-13(a)所示的方向注写,并尽量避免在图示 30°范围内标注尺寸,当无法避免时可按图 1-13(b)的形式标注。

方法 2:对于非水平方向的尺寸,其数字可水平地注写在尺寸线的中断处,如图 1-13(c)所示。

(3)数字不能被任何图线所通过,否则应将该图线断开。

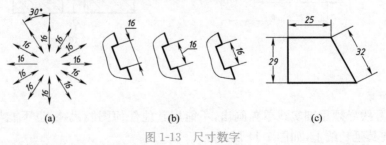

图 1-13 尺寸数字

(三)其他常用尺寸的注法(见表 1-5)

表 1-5　常用尺寸注法

直径的注法	图例	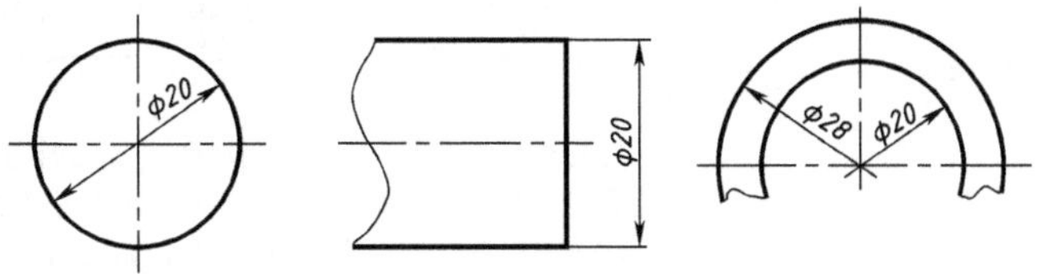
	说明	圆或大于半圆的圆弧,应标注直径尺寸,在尺寸数字前加注符号"ϕ"
半径的注法	图例	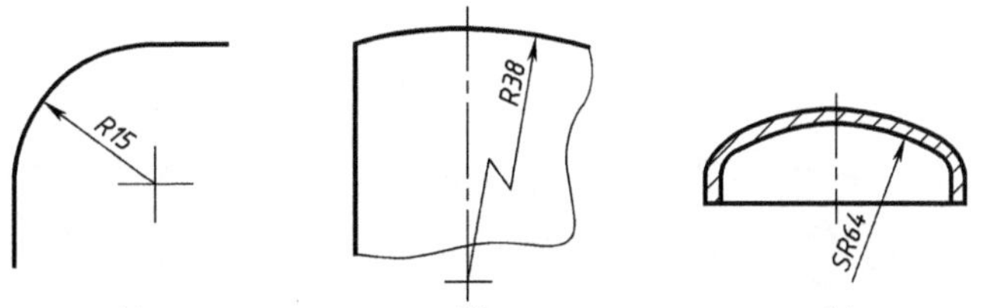 (a)　　　　　(b)　　　　　(c)
	说明	①半圆或小于半圆的圆弧,应标注半径尺寸,尺寸线由圆心引出,带箭头的一端指向圆弧,在尺寸数字前加注符号"R" ②大圆弧的半径,可按图(b)的形式标注,当不需要标注圆心位置时,可按图(c)标注
狭小部位的尺寸注法	图例	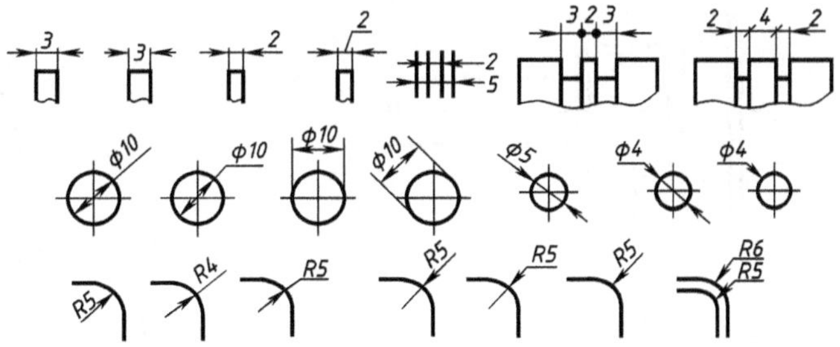
	说明	①当没有足够位置画箭头和写数字时,可将二者之一或者都布置在尺寸界线外面,也可将尺寸数字引出标注 ②标注一连串的小尺寸时,可用圆点或斜线代替箭头,但最外端的箭头仍应画出
角度、弦长、弧长	图例	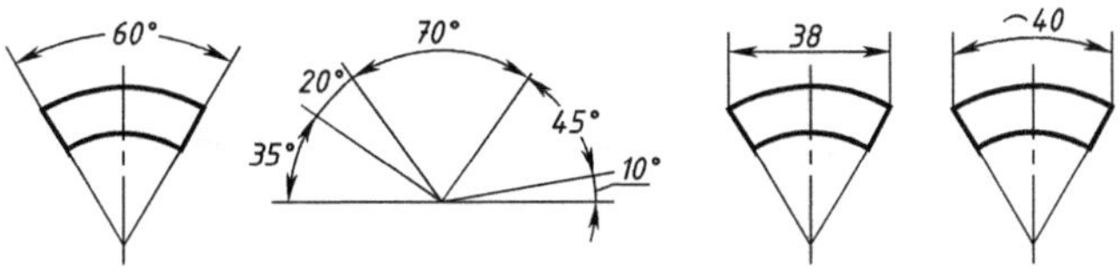
	说明	①角度的尺寸界线应沿径向引出,尺寸线是以角顶为圆心的圆弧 ②角度尺寸数字一律水平注写,一般注写在尺寸线的中断处,必要时也可注写在尺寸线外面、上方或引出标注 ③标注弦长的尺寸线应平行于该弦的垂直平分线 ④标注弧长的尺寸线应平行于该弧所对圆心角的角平分线,尺寸数字左方加注符号"⌒"

续表

| 球面、厚度、正方形 | 图例 | 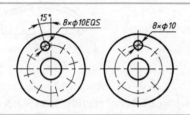 |
| | 说明 | ①标注球面尺寸时，在"ϕ"或"R"前加注符号"S"
②标注板状零件的厚度时，可在尺寸数字前加注符号"t"，指引线末端带黑点
③标注断面为正方形结构的尺寸时，可在正方形边长尺寸数字前加注符号"□"或用"边长×边长"的形式标注 |

(四)尺寸的简化注法(见表 1-6)

表 1-6　尺寸的简化注法

	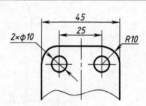
在同一图形中，对于尺寸相同的孔、槽等成组要素，可仅在一个要素上注出其尺寸和数量，并加注"EQS"（表示均布）；当要素的分布在图中已明确时，可省略"EQS"	当图形具有对称中心线时，分布在对称中心线两边的相同结构，仅标注其中一边的结构尺寸
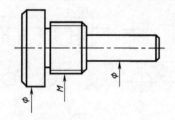	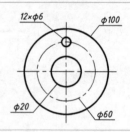
标注尺寸时，可采用带箭头的指引线	标注尺寸时，也可采用不带箭头的指引线
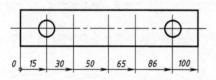	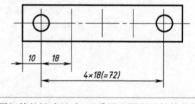
从同一基准出发的尺寸，可按上图的形式标注	间隔相等的链式尺寸，可采用上图所示的简化标注
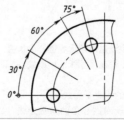	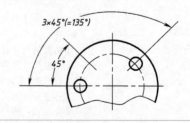
一组同心圆弧或圆心位于一条直线上的多个不同心圆弧的尺寸，可用共用的尺寸线箭头依次表示	一组同心圆或尺寸较多的台阶孔的尺寸，也可用共用的尺寸线和箭头依次表示

知识储备 1.2 绘图工具及其使用方法

一、图板、丁字尺、三角板

绘图工具及
其使用方法

图板是用来铺放和固定图纸，并进行绘图的垫板。板面要求平整，左右两导边必须平直，绘图板有不同大小的规格，可根据需要进行选用。绘图时用胶带纸将图纸粘贴在图板的适当位置上，如图 1-14(a)所示。

丁字尺由互相垂直的尺头和尺身组成。丁字尺与图板配合用来绘制水平线，绘图时将尺头内侧紧贴图板左侧导边，上下移动丁字尺至适当位置，用左手压紧尺身，从左至右画出水平线，丁字尺与三角板配合，可用来绘制竖直线，如图 1-14(b)所示。

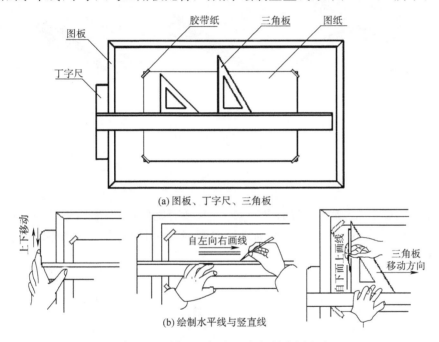

(a) 图板、丁字尺、三角板

(b) 绘制水平线与竖直线

图 1-14 图板、丁字尺、三角板的使用方法

三角板由 45°和 30°/60°各一块组成一副。丁字尺与三角板配合，除用来绘制竖直线外，还可用两个三角板配合，作 15°倍角线，也可作已知直线的平行线或垂直线，如图 1-15 所示。

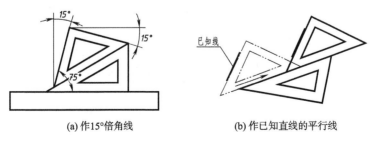

(a) 作15°倍角线　　　　　(b) 作已知直线的平行线

图 1-15 三角板的其他用法

二、绘图铅笔

绘图铅笔的铅芯有软、硬之分，分别用字母 B、H 表示。

H 表示硬性，字母前的数字越大，铅芯越硬，如 H、2H，硬性铅笔常用来画底稿；HB 表示中性，常用来写字或画底稿；B 表示软性，字母前的数字越大，铅芯越软，如 B、2B，软性铅笔常用来加深描粗图线。

铅笔可根据不同用途修磨成圆锥形或棱柱形，如图 1-16 所示。修磨铅笔时，应从没有标号的一端开始，以便识别铅芯的软硬标记。描深图线时，画圆的铅芯应比画直线的铅芯软一号。

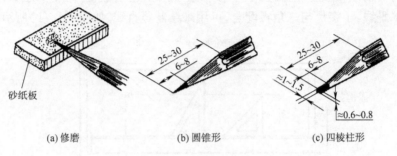

砂纸板

(a) 修磨　　　　　　　(b) 圆锥形　　　　　　　(c) 四棱柱形

图 1-16　铅笔的削磨

三、圆规与分规

圆规用于画圆或圆弧。圆规有两只脚，一只装有钢针，一只装有铅芯，钢针应使用有台阶的一端（针孔不易扩大），使用前应调整圆规，使钢针的台阶面与铅芯平齐，圆规的使用方法如图 1-17 所示。

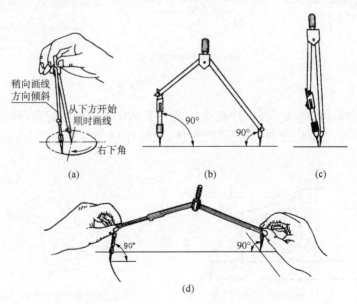

稍向画线方向倾斜　　从下方开始顺时画线　　右下角

(a)　　　　　　(b)　　　　　　(c)

(d)

图 1-17　圆规的使用方法

分规是用来截取尺寸、等分线段（圆周）的工具（见图 1-18）。为了准确地量取尺寸，当两针脚并拢时，其针尖应对齐。

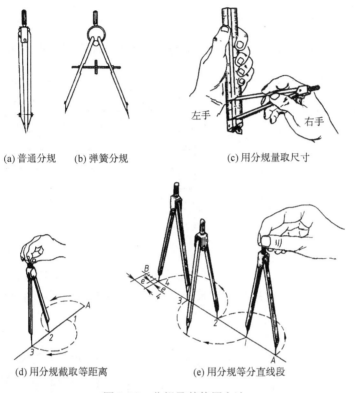

(a) 普通分规　　(b) 弹簧分规　　　　　　(c) 用分规量取尺寸

(d) 用分规截取等距离　　　　(e) 用分规等分直线段

图 1-18　分规及其使用方法

四、其他绘图工具与用品

常用的手工绘图工具与用品还有：绘图纸、比例尺、曲线板、模板、擦图片、橡皮、小刀、砂纸等。

作图时，为方便尺寸换算，将缩小及放大的比例刻度刻在尺子上，具有这种刻度的尺子就是比例尺。当某一比例确定后，不需要计算，可直接按照尺面所标刻的数值截取或度量尺寸。

曲线板主要用于描绘非圆曲线。为了提高绘图效率，可使用各种多功能绘图模板绘制图形，如椭圆模板、圆模板、六角螺母板等。

擦图片是带有各种不同镂空形状的小矩形片，在修改图线时，常用擦图片覆盖在上面，使要擦去的图线在镂空处显露出来，以便于橡皮擦除。

知识储备 1.3　几 何 作 图

一、等分作图

(一)等分线段

线段的等分可根据平行线切割定理作图。如图 1-19 所示，自 A 点作适当方向的射线,在其上用分规取六个相同单位长度的端点 C,连接 BC,过各等分点作 BC 的平行线与 AB 相交,则这些交点将线段 AB 六等分。

(二)等分圆周和作正多边形

1. 圆的四、八等分

圆的四、八等分可直接利用 $45°$ 三角板与丁字尺配合作图,如图 1-20 所示。

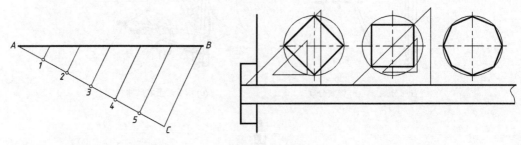

图 1-19　等分线段　　　　　　　　　　　图 1-20　圆的四、八等分

2. 圆的三、六、十二等分

圆的三、六、十二等分,它们的各等分点与圆心的连线,以及相应正多边形的各边,均为 $30°$ 倍角线,可利用三角板与丁字尺配合作图,也可用圆的半径直接在圆周上截取等分点,如图 1-21 所示。

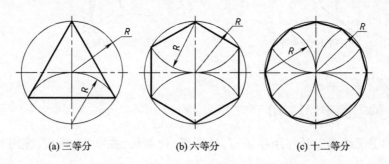

(a) 三等分　　　　　　　(b) 六等分　　　　　　　(c) 十二等分

图 1-21　圆的三、六、十二等分

3. 圆的五等分

圆的五等分作图方法如图 1-22 所示。

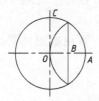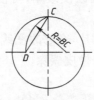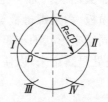

(a) 等分半径 OA 得 B　　(b) 以 B 为圆心 BC 为　　(c) 以 CD 长依次截取　　(d) 依次连接各等分点,
　　　　　　　　　　半径画弧,交中心线　　圆周,得五个等分点　　完成圆的内接正五边形
　　　　　　　　　　于 D,弦长 CD 即为正
　　　　　　　　　　五边形的边长

图 1-22　圆的五等分

二、斜度和锥度

(一)斜度

斜度(S)是指一直线(或平面)相对于另一直线(或平面)的倾斜程度。其大小用这两条直线(或平面)夹角的正切值来表示,通常写成 1:n 的形式,即 $S=\mathrm{tg}\alpha=H/L=1:n$,如图 1-23(a)所示。

标注斜度时,在符号"∠"之后写出比数,用指引线(细实线)引出标注,符号方向应与斜度方向一致,斜度符号画法如图 1-23(b)所示。标注示例如图 1-23(c)所示。

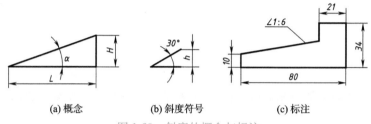

(a) 概念　　　　　(b) 斜度符号　　　　　(c) 标注

图 1-23　斜度的概念与标注

斜度体现的是角度,与同一直线成相同斜度的各直线相互平行。图 1-24 所示为上例中 1:6 斜度线的作图方法。

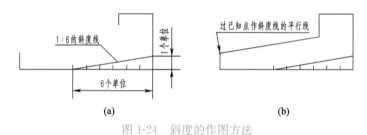

(a)　　　　　　　　　　　(b)

图 1-24　斜度的作图方法

(二)锥度

锥度(C)是指正圆锥的底圆直径与高度之比。

$C=D/L=(D-d)/l=2\mathrm{tg}\dfrac{\alpha}{2}$,锥度通常写成 1:n 的形式,如图 1-25(a)所示。

标注锥度时,在图形符号"▷"之后写出比数,注在用指引线引出的基准线上,符号尖端方向应与锥顶方向一致,如图 1-25(c)所示。锥度符号的画法如图 1-25(b)所示。

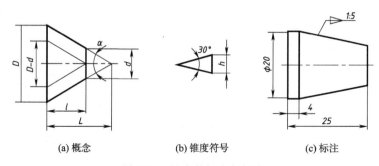

(a) 概念　　　　　(b) 锥度符号　　　　　(c) 标注

图 1-25　锥度的概念与标注

　　锥度同样体现的是角度,可利用平行线法作图。图 1-26 所示为上例中 1∶5 锥度线的作图方法。

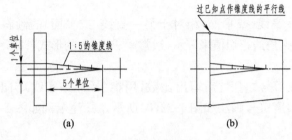

图 1-26　锥度的作图方法

三、圆弧连接

　　用已知半径的圆弧将相邻两条已知线段(直线或圆弧)光滑连接的作图方法称为圆弧连接。

(一)作图原理

　　为保证连接光滑,作图时应准确地求出连接弧的圆心位置及切点(连接点或分界点),圆心轨迹及切点的求法见表 1-7。

表 1-7　圆弧连接的作图原理

作图要求	连接弧与已知直线相切	连接弧与已知圆外切	连接弧与已知圆内切
图例			
圆心轨迹	圆心轨迹为已知直线的平行线,间距等于半径 R	圆心轨迹为已知圆的同心圆,半径为 R_1+R	圆心轨迹为已知圆的同心圆,半径为 R_1-R
切点位置	由连接弧的圆心向已知直线作垂线,垂足即为切点	两圆弧的圆心连线与已知圆弧的交点即为切点	两圆弧圆心连线的延长线与已知圆弧的交点即为切点

(二)两直线间的圆弧连接

　　用已知半径的圆弧连接两直线的作图方法如图 1-27 所示。

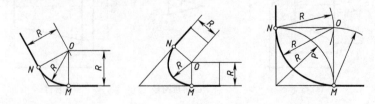

图 1-27　两直线间的圆弧连接

(三)直线与圆弧之间的圆弧连接

用已知半径的圆弧连接直线与圆弧的作图方法如图 1-28 所示。

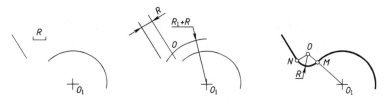

图 1-28　直线与圆弧之间的圆弧连接

(四)两圆弧之间的圆弧连接

用已知半径的圆弧连接两圆弧的作图方法如图 1-29 所示。

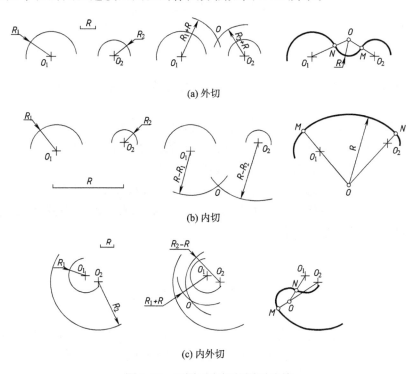

(a) 外切

(b) 内切

(c) 内外切

图 1-29　两圆弧之间的圆弧连接

综上所述,可归纳出圆弧连接的画图步骤:

(1)根据圆弧连接的作图原理,求出连接弧的圆心。

(2)求出切点。

(3)用连接弧半径在切点间画弧。

知识储备 1.4　平面图形的画法

平面图形是由若干条线段(直线或曲线)封闭连接而成的,线段的长度、直(半)径及相对位置由给定的尺寸或几何关系确定,绘制平面图形时,首先要对这些线段、尺寸及几何关系进行分析,从而确定其作图方法和顺序。

一、尺寸分析

(一)定形尺寸

确定平面图形中各线段形状大小的尺寸称为定形尺寸,如直线的长度、圆的直径、圆弧的半径及角度大小等,图 1-30 中的 $\phi20$、$\phi5$、$R15$、$R12$、$R50$、$R10$、$R15$ 等均为定形尺寸。

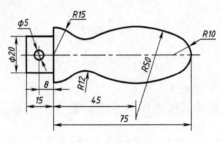

图 1-30　手柄平面图

(二)定位尺寸

确定平面图形中线段间相对位置的尺寸称为定位尺寸,图 1-30 中的 8、45、75 等均为定位尺寸。

平面图形一般需要左右、上下两个方向的定位尺寸。标注定位尺寸的起点称为尺寸基准,通常以图形的对称线、圆的中心线或图形的边界线作为尺寸基准。标注尺寸时应首先选定尺寸基准,然后依次标出相应线段的定位尺寸。

为了完全确定平面图形的大小,图形中的每一条线段既需要定形,又需要定位,但由于线段间往往存在着一定的几何关系,如平行、垂直、对称、相切、平齐等,由这些几何关系所确定的形状或位置不必标注尺寸。

二、线段分析

根据定位尺寸是否完整,平面图形的线段可分为三类。

1. 已知线段

具有定形尺寸及两个方向定位尺寸的线段。如图 1-30 所示,左侧矩形和小圆是已知线段。$R15$ 弧的圆心位于两基准线的交点,$R10$ 弧的圆心位于水平基准线上,可由 75 确定左右位置,故二者也都是已知线段。

2. 中间线段

具有定形尺寸和一个方向定位尺寸的线段。图 1-30 中的 $R50$ 弧的圆心,只有左右方向的定位尺寸 45,其上下位置依据与 $R10$ 弧的相切关系确定,因此是中间线段。

3. 连接线段

只有定形尺寸,没有定位尺寸的线段。图 1-30 中的 $R12$ 弧,图中没有注出圆心的定位尺寸,须依据两端分别与 $R15$ 弧和 $R50$ 弧的相切关系确定,因此是连接线段。由圆外一定点所作圆的切线及两已知圆的公切线,其形状和位置均由相切关系确定,也属于连接线段。

三、平面图形的画图步骤

画平面图形前,应对其进行尺寸分析、基准分析和线段分析,以确定画图方法和顺序。图 1-30 所示手柄的画图步骤如图 1-31 所示。

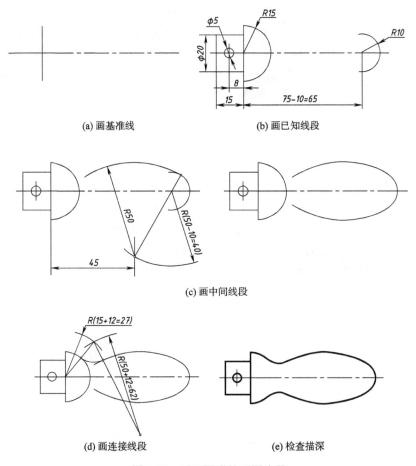

图 1-31 平面图形的画图步骤

四、徒手作图方法

徒手作图又称绘制草图,它是依靠目测比例,徒手绘制图样。在设计之初、测绘、维修及计算机绘图中,常用到徒手作图。

(一)草图的要求

(1)图线应基本平直,粗细分明,线型符合国家标准。

(2)图形各部分的比例应大致准确。

(3)尺寸标注正确、完整,字体工整。

(二)徒手作图方法

徒手作图时一般选用 HB 或 B 等较软的铅笔,铅芯磨成锥形,握笔位置宜高些,用手腕和小指轻触纸面,以利于运笔和观察目标。

1. 直线的画法

画直线时可先标出直线的两个端点,画线时手腕不要转动,眼睛注意画线的终点,轻轻移动手腕和手臂,运笔应自然、平稳。水平线从左向右画,竖直线一般从上向下画,画斜线时也可将图纸旋转一个角度,以使运笔方向顺手,如图 1-32 所示。

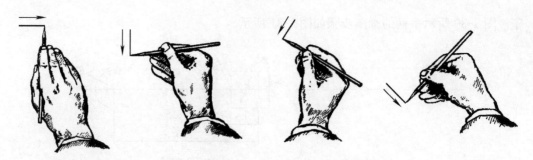

图 1-32　直线的画法

2. 圆的画法

画小圆时,可先画出中心线,然后在中心线上按圆的半径定出四点,再按自己顺手的方向依次光滑连接,如图 1-33(a)所示。当圆的直径较大,可过圆心增画两条 45°斜线,在其上用半径再定出四个点,然后过这八个点画圆,如图 1-33(b)所示。当圆的直径很大时,可用手作圆规,以小手指的指尖或关节作圆心,使笔尖与它的距离等于所需的半径,用另一只手慢慢转动图纸,即可将圆画出,如图 1-33(c)所示。

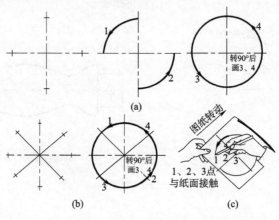

图 1-33　圆的画法

3. 椭圆的画法

如图 1-34 所示,先画出椭圆的长短轴,目测定出其四个端点,过这四点画一矩形,然后徒手画椭圆与矩形相切。

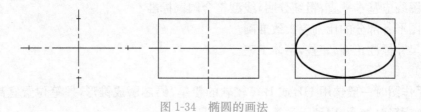

图 1-34　椭圆的画法

4. 平面图形的画法

徒手绘制平面图形时,同使用仪器绘图一样,也需要在绘图前先对图形进行尺寸、线段分析,然后依次画出已知线段、中间线段、连接线段。图 1-35 所示为轴测草图和相应平面草图示例。

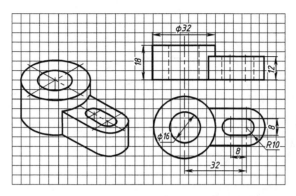

图 1-35　徒手绘制平面图形

任务　平面绘图基本练习

任务描述

将图 1-36～图 1-39 所示的图形按 1∶1 比例画在 A3 图纸上,并标注尺寸。

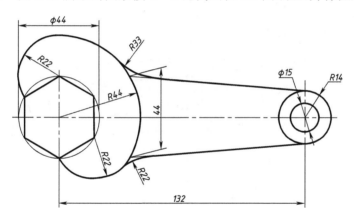

图 1-36　图形一

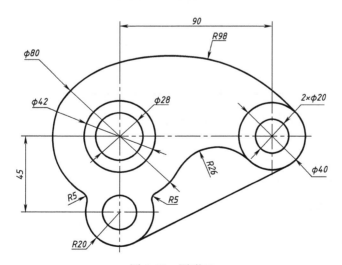

图 1-37　图形二

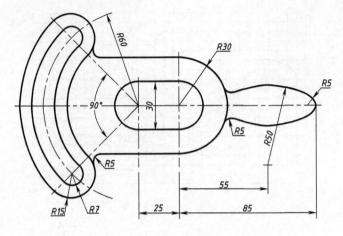

图 1-38 图形三

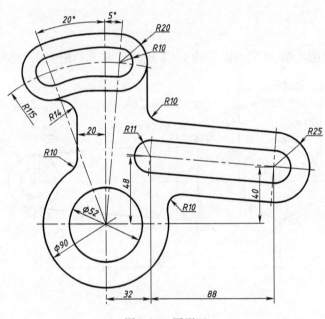

图 1-39 图形四

任务实施

步骤 1 准备工作：选定图幅，固定图纸，准备好绘图工具。

步骤 2 画底稿图（用 H 或 2H 铅笔）。

(1)画边框线，在右下角处画标题栏。

(2)布图，按给定尺寸作图。

(3)校对底稿、擦去多余图线。

步骤 3 加深。

(1)按底稿加深各粗实线的圆和直线（用 B 或 2B 铅笔）。

(2)加深中心线、尺寸线，尺寸界线（HB、H 铅笔）。

(3)标注尺寸数值、填写标题栏（用 HB 铅笔）。

注意事项

(1)线型:粗实线的宽度建议采用 0.7~0.9 mm,细实线为其 1/2,同类图线的宽度应一致。细虚线长约 4 mm,间隙约 1 mm;细点画线长 15~20 mm,间隙及点共约 3 mm。

(2)尺寸数字建议采用 3.5 号字,标题栏名称用 10 号字,其余用 5 号字。

(3)全图箭头大小一致。

(4)用铅笔完成全图。

思 考 题

1. 制图标准中规定使用的机械制图常用图线有哪几种?

2. 标注尺寸的基本原则有哪些?

3. 怎么用丁字尺和三角板画平行线、垂直相交线和特殊角度线?

项目 ② 三视图的绘制

本项目通过正投影相关知识的学习,掌握物体三面投影的规律并绘制组合体的正投影三视图。

在生产实际中,机件的结构形状是多种多样的,如果只用两视图或三视图,就难以将它们的内、外形状完整、清晰地表达出来。为此,国家标准中规定了机件的各种表达方法,包括视图、剖视图、断面图、局部放大图和简化画法。

【知识目标】

★ 掌握三视图的形成与投影规律。

★ 熟练掌握组合体视图的绘制及尺寸注法。

★ 用形体分析法并辅以线面分析法读懂组合体视图。

★ 由组合体的两个视图画出第三视图以及补全缺线。

★ 熟练掌握各种视图表达方法的画法和标注。

【能力目标】

★ 能够熟练绘制组合体的三视图。

★ 能够利用各种视图的表达方法绘制基本视图、剖视图。

★ 能够正确、完整、清晰地标注图形尺寸。

知识储备 2.1　正投影法及三视图

一、投影的概念

阳光或灯光照射物体时,在地面或墙面上会产生影像,这种投射线(如光线)通过物体,向选定的面(如地面或墙面)投射,并在该面上得到图形(影像)的方法称为投影法。根据投影法所得到的图形称为投影图,简称投影,得到投影的面称为投影面。

二、投影法的分类

投影法分为两类:中心投影法和平行投影法。

(一)中心投影法

如图 2-1 所示,发自投射中心 S 的投射线通过△ABC 在投影面 P 上形成了投影△abc,形成方法为连接投射线 SA、SB、SC,分别与投影面 P 交得点 A、B、C 的投影 a、b、c,连接三点即可。

这种投射线汇交于一点的投影法称为中心投影法,所得投影称为中心投影。分析图 2-1 可知,△abc 不能反映△ABC 的真实大小,如改变△ABC 和投影面 P 之间的距离,其投

正投影特性及三视图生成

影的大小将发生改变,由于这种投影法不能反映空间形体的真实形状和大小,作图也较复杂,在机械制图中使用较少,常用于绘制建筑物或产品的有较强立体感的立体图,又称透视图。

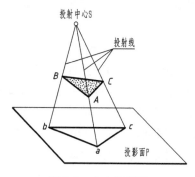

图 2-1 中心投影法

(二)平行投影法

若将图 2-1 的投射中心 S 移到无穷远处,所有投射线就相互平行。这种投射线相互平行的投影法称为平行投影法,如图 2-2 所示。

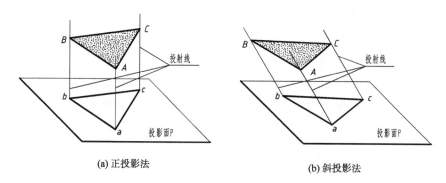

(a) 正投影法

(b) 斜投影法

图 2-2 平行投影法

平行投影法又分为正投影法和斜投影法,图 2-2(a)所示为投射线垂直于投影面的正投影法,所得投影称为正投影;图 2-2(b)所示为投射线倾斜于投影面的斜投影法,所得投影称为斜投影。

三、正投影法的投影特性

(一)真实性

当平面或直线平行于投影面时,其投影反映平面的实形或直线的实长,如图 2-3(a)所示。

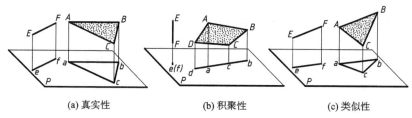

(a) 真实性

(b) 积聚性

(c) 类似性

图 2-3 正投影法的投影特性

(二)积聚性

当直线垂直于投影面时,其投影积聚成一个点;当平面垂直于投影面时,其投影积聚成一条直线,如图 2-3(b)所示。

(三)类似性

当直线倾斜于投影面时,其投影为一条缩短了的直线;当平面倾斜于投影面时,其投影为一和原平面形状类似,但面积缩小了的图形,如图 2-3(c)所示。

由于正投影法中平行于投影面的直线或平面的投影具有真实性,改变它们与投影面的距离,其投影保持不变,便于表达形体的真实形状和大小;垂直于投影面的直线或平面的投影具有积聚性,使作图简便,为此,机械图样主要采用正投影法绘制。为叙述方便,后续内容中未加说明的"投影"均为"正投影"。

四、三视图的形成及投影规律

(一)三面投影体系

空间形体具有长、宽、高三个方向的形状,而形体相对投影面正放时得到的单面正投影图只能反映形体两个方向的形状。如图 2-4 所示,两个不同形体的投影图相同,说明形体的一个投影不能完全确定其空间形状。

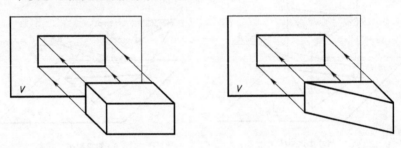

图 2-4　形体的单面正投影

在机械制图中,为了完整、准确地表达形体的形状,常设置两个或三个相互垂直的投影面,将形体分别向这些投影面投射,几个投影综合起来,便能将形体各部分的形状表示清楚。

设置三个相互垂直的投影面,称为三面投影体系,如图 2-5 所示。

直立在观察者正对面的投影面称为正立投影面,简称正面,用 V 表示。处于水平位置的投影面称为水平投影面,简称水平面,用 H 表示。右边分别与正面和水平面垂直的投影面称为侧立投影面,简称侧面,用 W 表示。

三个投影面的交线 OX、OY、OZ 称为投影轴,三条投影轴的交点 O 称为原点。OX 轴(简称 X 轴)代表长度尺寸和左右位置(正向为左);OY轴(简称 Y 轴)代表宽度尺寸和前后位置(正向为前);OZ轴(简称 Z 轴)代表高度尺寸和上下或高低位置(正向为上)。

(二)三视图的形成

如图 2-6 所示,将形体在三投影面体系中放正,使其上尽量多的表面与投影面平行,分别向 V、H、W 面投射,形体各表面同名投影的集合,构成了形体的主视图、俯视图和左视图,统称"三视图"。图中将可见线、面的投影用粗实线绘制;将不可见线、面的投影用细虚线绘制;轴线、对称中心线等中心要素用细点画线绘制。

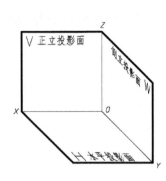

图 2-5　三面投影体系

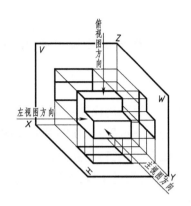

图 2-6　形体的三视图

　　为了将三个视图面画在同一平面上,首先将空间形体移去,将三面投影体系展开。展开方法为:沿 Y 轴将 H 面和 W 面分开,V 面保持正立位置,H 面绕 OX 轴向下转 $90°$,W 面绕 OZ 轴向右转 $90°$,使三个投影面展成一个平面,展开过程如图 2-7 所示。

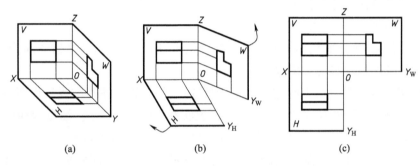

(a)　　　　　　　　　(b)　　　　　　　　　(c)

图 2-7　三视图的展开

　　由图 2-7(c)可知,任一视图到投影轴的距离,反映空间形体到相应投影面的距离,而形体在三面投影体系中的方位确定以后,改变它与投影面的距离,并不影响其视图的形状,故实际绘制三视图时,常采用无轴画法,如图 2-8 所示。视图间的距离应保证每一视图都清晰,并有足够的标注尺寸位置。

(三)三视图的投影规律(见图 2-8)

1. 位置关系

　　以主视图为基准,俯视图在它的正下方,左视图在它的正右方。

　　三视图间的这种位置关系,称为按投影关系配置,一般不能更改,当三视图按投影关系配置时,不必标注任一视图的名称。

2. 尺寸关系

　　主视图与俯视图长度相等且左右对正;主视图与左视图的高度相等且上下对齐;俯视图与左视图的宽度

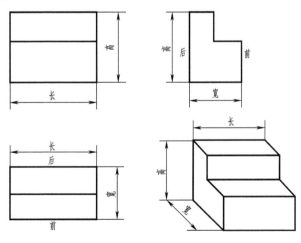

图 2-8　三视图的投影规律

相等。

上述投影规律可概括为："主、俯视图长对正；主、左视图高平齐；俯、左视图宽相等。"

3. 方位关系

主视图和俯视图能反映形体各部分之间的左右位置；主视图和左视图能反映形体各部分之间的上下位置；俯视图和左视图能反映形体各部分之间的前后位置。

画图及读图时，要特别注意俯、左视图的前后对应关系：俯、左视图远离主视图的一侧为形体的前面，靠近主视图的一侧为形体的后面。初学时，往往容易把这种对应关系弄错。

五、画三视图的方法和步骤

画形体的三视图时，应遵循上述三视图的投影规律，直接采用无轴画法进行作图。

为了便于获得视图的整体形状，可想象观察者站在相应的投射方向上去观察形体，着眼点应首先放在形体的各个表面上。

实际作图时，还应注意以下几点：

(1)在将形体于三面投影体系中摆正的前提下，应使主视图的投射方向能较多地反映形体各部分的形状和相对位置。

(2)作图时，应按项目1所述的作图步骤进行，如先画作图基准线后作图，先打底后加深等。如果不同的图线重合在一起，应按粗实线、虚线、细实线、细点画线的次序，以前遮后的方式绘制，如粗实线与其他图线重合时，只画粗实线即可。

(3)初学时，可逐个视图依次画成，随着作图的不断熟练，应根据"三等"规律，将三个视图配合起来画，以加快作图速度。

(4)俯、左视图中的宽度尺寸，可分别在两视图中以图形的前后边界线或前后对称线为基准，用三角板或分规度量其他部分与基准的 Y 坐标差，使之在俯、左视图中对应相等，并保持正确的方位关系，如图 2-9 所示。

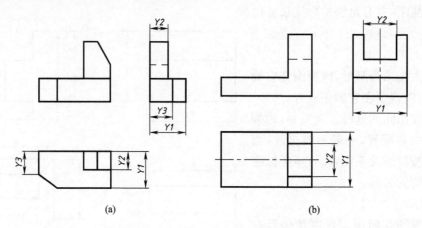

图 2-9 俯、左视图宽相等的作图方法

三视图的画图步骤可参考表 2-1。

表 2-1　三视图的画图步骤

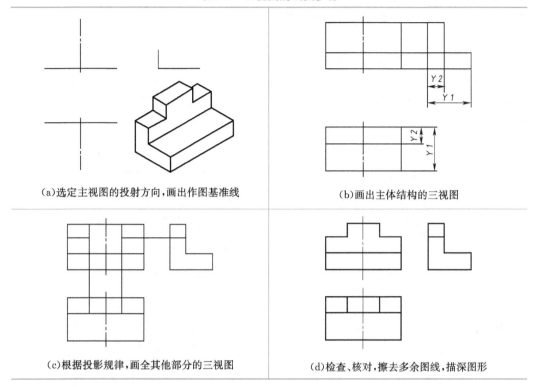

（a）选定主视图的投射方向，画出作图基准线	（b）画出主体结构的三视图
（c）根据投影规律，画全其他部分的三视图	（d）检查、核对，擦去多余图线，描深图形

知识储备 2.2　绘制组合体的三视图

一、组合体的概念

任何复杂的形体，都可以看成是由一些基本形体按照一定的连接方式组合而成的。这些基本形体包括项目 3 所介绍的棱柱、棱锥、圆柱、圆锥和球等。由基本形体组成的复杂形体称为组合体。

二、组合体的组合方式

组合体的组合方式有切割和叠加两种基本形式。常见的组合体则是这两种方式的综合，如图 2-10 所示。

组合体的组合方式

（a）切割型　　　　　　（b）叠加型　　　　　　（c）综合型

图 2-10　组合体的组合方式

无论以何种方式构成组合体，其基本形体的相邻表面间都存在一定的相互关系。这些表面连接关系包括平行、相切、相交等。

（一）平行

所谓平行是指两基本形体连接面平行叠加。它又可以分为两种情况：当两基本体的表面平齐时，两表面共面，因而视图上两基本体之间无分界线，如图 2-11（a）所示；而两基本体的表面不平齐时，则必须画出它们的分界线（分界面的投影），如图 2-11（b）所示。

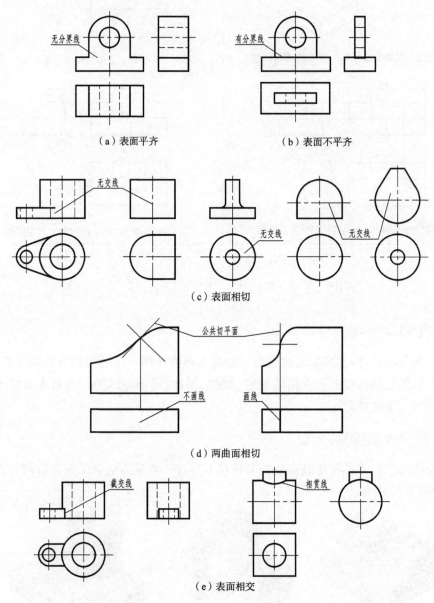

图 2-11　组合体相邻表面的连接关系

（二）相切

当两基本形体的表面相切时，两表面在相切处光滑过渡，不应画出切线，如图 2-11（c）

所示。

当两曲面相切时,则要看两曲面的公切面是否垂直于投影面。如果公切面垂直于投影面,则在该投影面上相切处要画线,否则不画线,如图 2-11(d)所示。

(三)相交

当两基本形体的表面相交时,相交处会产生不同形式的交线,在视图中应画出这些交线的投影,如图 2-11(e)所示。

三、组合体三视图的画法

下面以图 2-12 所示的轴承座为例,介绍画组合体三视图的一般方法和步骤。

形体分析法

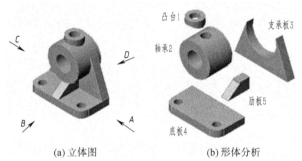

(a)立体图　　　　　　　(b)形体分析

图 2-12　轴承座

1. 形体分析

画三视图之前,首先应对组合体进行形体分析。分析组合体由哪几部分组成,各部分之间的相对位置,相邻两基本体的组合形式,是否产生交线等。如图 2-12(b)所示,轴承座由上部分的凸台 1、轴承 2、支承板 3、底板 4 及肋板 5 组成。凸台与轴承是两个垂直相交的空心圆柱体,在外表面和内表面上都有相贯线。支承板、肋板和底板分别是不同形状的平板。支承板的左、右侧面都与轴承的外圆柱面相切,肋板的左、右侧面与轴承的外圆柱面相交,底板的顶面与支承板、肋板的底面相互重合叠加。

2. 选择视图

选择视图首先要确定主视图。一般是将组合体的主要表面或主要轴线放置在与投影面平行或垂直的位置,并以最能反映该组合体各部分形状和位置特征的方向作为主视图。同时还应考虑到:

(1)使其他两个视图上的虚线尽量少一些。

(2)尽量使画出的三视图长大于宽。

这两点不能兼顾时,以前述形体特征原则为准。如图 2-12(a)所示,沿 B 向观察,所得视图满足上述要求,可以作为主视图。主视图方向确定后,其他两视图的方向则随之确定。

3. 选择比例和图幅

根据组合体的复杂程度和实际大小,选择国家标准规定的比例并选定图幅。选择图幅时,应充分考虑到视图、尺寸及标题栏等的大小和位置。

4. 布置视图,画作图基准线

根据组合体的总体长、宽、高尺寸,通过简单计算,将各视图均匀地布置在图框内。

各视图位置确定后，用细点画线及细实线画出作图基准线。作图基准线一般为底面、对称面、主要端面、主要轴线等，如图 2-13(a)所示。

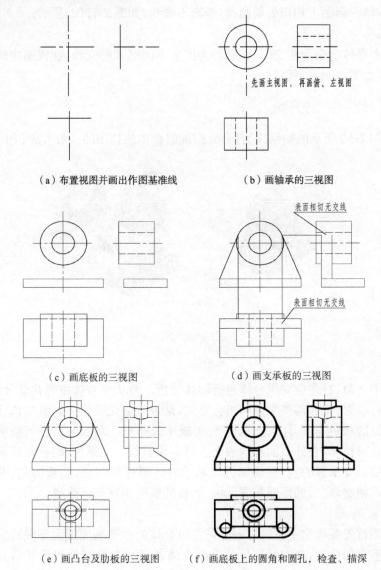

（a）布置视图并画出作图基准线　　　（b）画轴承的三视图

（c）画底板的三视图　　　　　　（d）画支承板的三视图

（e）画凸台及肋板的三视图　　　（f）画底板上的圆角和圆孔，检查、描深

图 2-13　组合体三视图的画图步骤

5. 画底稿

依次画出每个基本形体的三视图，如图 2-13(b)～(f)所示。画底稿时应注意：

(1)在画各基本形体的视图时，应先画主要形体，后画次要形体，先画可见部分，后画不可见部分。如图中先画轴承和底板，后画支承板和肋板。

(2)画每一个基本形体时，一般应该三个视图对应着一起画，先画反映实形或有特征的视图，再按投影关系画其他视图，如图中的轴承先画主视图，凸台先画俯视图，支承板先画主视图等。尤其要注意按投影关系正确地画出平行、相切和相交处的投影。

6. 检查、描深

检查底稿，改正错误，然后再按不同线型描深，如图 2-13(f)所示。

四、组合体的尺寸标注

(一)组合体尺寸标注的基本要求

组合体的视图表达了组合体的形状,而组合体的大小则要由视图上所标注的尺寸来确定。

标注组合体尺寸时,一般应做到以下几点:

(1)尺寸标注规则要符合国家标准。

(2)尺寸标注要完整。

(3)尺寸布置要清晰、整洁。

(二)组合体的尺寸标注

1. 尺寸标注要完整

要达到这个要求,应首先按形体分析法将组合体分解为若干基本体,进而注出表示各个基本体大小的尺寸及确定这些基本体间相对位置的尺寸,前者称为定形尺寸,后者称为定位尺寸。按照这样的分析方法去标注尺寸,就比较容易做到既不遗漏尺寸,也不重复标注尺寸。下面以图 2-14 所示的支架为例,说明尺寸标注过程中的分析方法。

1)定形尺寸

如图 2-15 所示,将支架分解成六个基本体后,分别注出其定形尺寸。由于每个基本体的尺寸一般只有少数几个,因而比较容易考虑,如直立空心圆柱的定形尺寸 $\phi72$、$\phi40$、80,底板的定形尺寸 $R22$、$\phi22$、20,肋板的定形尺寸 34、12 等。至于这些尺寸标注在哪个视图上,则要根据具体情况而定。如直立空心圆柱的尺寸 $\phi40$ 和 80 可注在主视图上,但 $\phi72$ 在主视图上标注比较困难,故将它注在左视图上。耳板的尺寸 $R16$、$\phi16$ 注在俯视图上最为适宜,而厚度尺寸 20 只能注在主视图上。其余各形体的定形尺寸如图 2-16 所示,请读者自行分析。

图 2-14　支架立体图

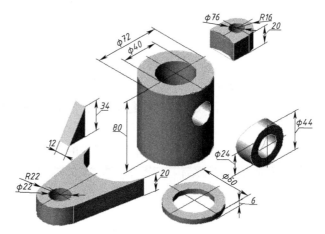

图 2-15　支架定形尺寸的分析

2)定位尺寸

组合体各组成部分之间的相对位置必须从长、宽、高三个方向来确定。标注定位尺寸的起点称为尺寸基准,因此,长、宽、高三个方向至少各要有一个尺寸基准。组合体的对称面、底面、重要的端面和重要的回转体的轴线经常被选作尺寸基准。图中支架长度

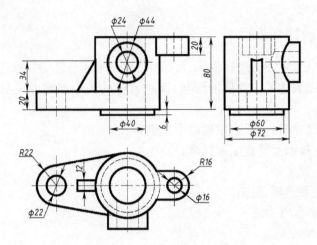

图 2-16　支架定形尺寸的标注

方向的尺寸基准为直立空心圆柱的轴线；宽度方向的尺寸基准为底板及直立空心圆柱的前后对称面；高度方向的尺寸基准为直立空心圆柱的上表面。在图 2-17 中标注了这些基本形体之间的五个定位尺寸，如直立空心圆柱与底板孔、肋板、耳板孔之间在左右方向的定位尺寸 80、56、52，水平空心圆柱上下方向的定位尺寸 28 及前后方向的定位尺寸 48。将定形尺寸和定位尺寸合起来，支架上所必需的尺寸就标注完整了。

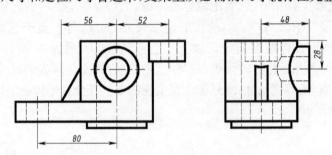

图 2-17　支架定位尺寸的标注

3）总体尺寸

按上述分析，尺寸虽然已经标注完整，但考虑总体长、宽、高尺寸后，为了避免重复，还应作适当的调整。如图 2-18 所示，尺寸 86 为总体高度尺寸，注上这个尺寸后会与直立空心圆柱的高度尺寸 80、扁空心圆柱的高度尺寸 6 重复，因此应将尺寸 6 去掉。当形体的端部为回转体结构（如图中底板的左端、直立空心圆柱的后端、耳板的右端）时，一般不再标注总体尺寸，例如标注了定位尺寸 48 及圆柱直径 φ72 后，就不再需要标注总宽尺寸。

2. 尺寸标注要清晰

标注尺寸时，除了要求完整外，为了便于读图，还要求标注得清晰、整洁。现以图 2-18 为例，说明几个主要的考虑因素。

（1）尺寸应尽量标注在表示形体特征最明显的视图上。如肋板的定形尺寸 34，注在主视图上比注在左视图上好；水平空心圆柱的定位尺寸 28，注在左视图上比注在主视图上好；底板的定形尺寸 R22 和 φ22 则应注在表示该部分形状最明显的俯视图上。

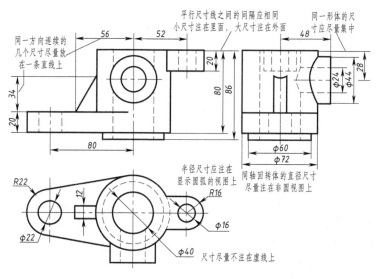

图 2-18　支架的尺寸标注

（2）同一基本形体的定形尺寸以及相关联的定位尺寸尽量集中标注。如图中将水平空心圆柱的定形尺寸 $\phi24$、$\phi44$ 从原来的主视图上移到左视图上，这样便和它的定位尺寸 28、48 全部集中在一起，因而比较清晰，也便于阅读。

（3）尺寸应尽量注在视图的外侧，以保持图形的清晰。同方向的串联尺寸应尽量注在同一直线上，如将肋板的定位尺寸 56、耳板的定位尺寸 52 和水平空心圆柱的定位尺寸 48 布置在一条直线上，使尺寸标注显得较为清晰。

（4）同心圆柱的直径尺寸尽量注在非圆视图上，而圆弧的半径尺寸则必须注在投影为圆弧的视图上。如直立空心圆柱的直径 $\phi60$、$\phi72$ 均注在左视图上，而底板及耳板的圆弧半径 $R22$、$R16$ 则必须注在俯视图上。

（5）尽量避免在虚线上标注尺寸。如直立空心圆柱的孔径 $\phi40$，若标注在主、左视图上将从虚线引出，因此应注在俯视图上。

（6）尺寸线与尺寸界线，尺寸线、尺寸界线与轮廓线都应尽量避免相交。相互平行的并联尺寸应按"小尺寸在内，大尺寸在外"的原则排列。

（7）内形尺寸与外形尺寸最好分别注在相应视图的两侧。

实际标注尺寸时，有时会遇到以上各项原则不能兼顾的情况，这时就应在保证尺寸标注正确、完整的前提下，灵活掌握，力求清晰。

图 2-19 列出了一些常见结构的尺寸注法，请读者依据前述原则自行分析。

五、读组合体视图的方法

画图和读图是学习本课程的两个重要环节。画图是把空间形体用正投影法表达在平面上；而读图则是依据正投影原理，根据平面视图想象出空间形体的形状。要能正确、迅速地读懂视图，必须掌握读图的基本要领和基本方法，培养空间想象力和形体构思能力，并通过不断实践，逐步提高读图能力。读图的基本要领包括以下几项：

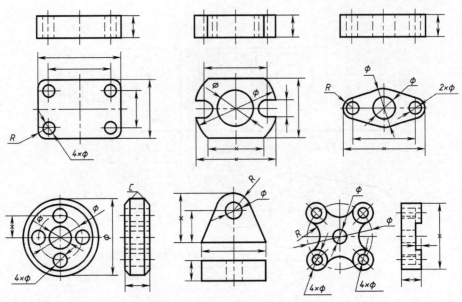

图 2-19　常见结构的尺寸注法

(一)将几个视图联系起来看

一个视图一般不能完全确定形体的形状。如图 2-20 所示的五组视图,它们的主视图都相同,但实际上是五个不同的形体。图 2-21 所示的三组视图,它们的主、俯视图都相同,但也表示了三个不同的形体。

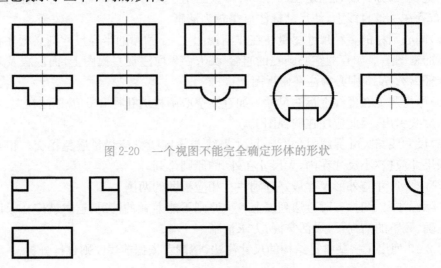

图 2-20　一个视图不能完全确定形体的形状

图 2-21　几个视图联系起来分析

由此可见,读图时,一般要将几个视图联系起来阅读、分析和构思,才能弄清形体的形状。

(二)寻找特征视图

所谓特征视图,就是把形体的形状特征及相对位置反映得最充分的那个视图。例如图 2-20 中的俯视图及图 2-21 中的左视图。从特征视图入手,再配合其他视图,就能较快地认清形体了。

但是,由于组合体的组成方式不同,形体不同部分的形状特征及相对位置并非总是集中在一个视图上,有时是分散于各个视图上。如图 2-22 所示,支架由四个基本形体叠加而成,主视图反映形体 A、B 的形状特征,俯视图反映形体 D 的形状特征,左视图反映形体 C 的形状特征。

(三)了解视图中的线框和图线的含义

弄清视图中线框和图线的含义是看图的基础,下面以图 2-23 为例说明。

视图中的一个封闭线框,一般是形体上不同位置平面或曲面的投影,也可以是孔的投影。如图 2-23 中 a'、b' 和 d' 线框均为平面的投影,线框 c' 为曲面的投影,而图 2-23 中俯视图的圆形线框则为圆柱孔的水平投影。

视图中的每一条图线,可以是曲面转向轮廓线的投影,如图 2-23 中直线 $1'$ 是圆柱的转向轮廓线;也可以是两表面交线的投影,如图中直线 $2'$(平面与平面的交线)、直线 $3'$(平面与曲面的交线);还可以是面的积聚性投影,如图中直线 $4'$。

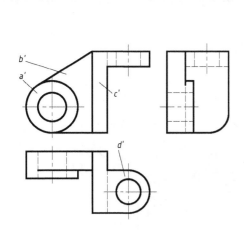

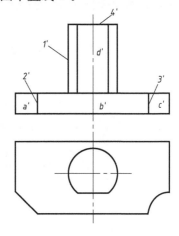

图 2-22　读图时应找出特征视图　　　　图 2-23　线框和图线的含义

任何相邻的两个封闭线框,应是形体上相交的两个面的投影,或是同向错位的两个面的投影。如图中 a' 和 b'、b' 和 c' 都是相交两表面的投影,b' 和 d' 则分别是前后两平行平面的投影。

知识储备 2.3　视图表达方法

一、基本视图

机件向基本投影面投射所得的视图称为基本视图。

如图 2-24 所示,在原有的三个投影面(V、H、W 面)的基础上,各增加一个与之平行的投影面,构成一个正六面体,以正六面体的六个面作为基本投影面,将机件放置其中,并使之处于观察者和基本投影面之间,分别向六个基本投影面投射,得到六个基本视图:除主、俯、左视图外,还有后视图(自后向前投射)、仰视图(自下向上投射)和右视图(自右向左投射)。

基本投影面的展开方法如图 2-25 所示,展开后的六个基本视图,其配置关系如图 2-26 所示,基本视图所体现的"三等规律"及每一视图所体现的形体方位,读者可自

视图表达方式

行分析。应注意俯、左、仰、右视图远离主视图的一侧为形体的前面,靠近主视图的一侧为形体的后面;后视图的左边为形体的右面,右边为形体的左面。

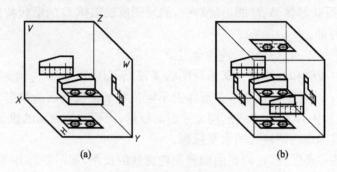

图 2-24　基本投影面

当基本视图按图 2-26 的形式配置时,称为按投影关系配置,一律不注写视图的名称。

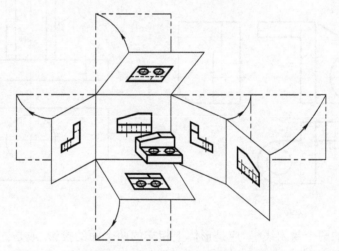

图 2-25　六个基本投影面的展开方法

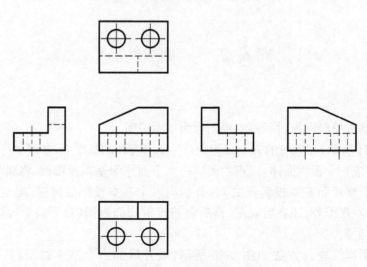

图 2-26　六个基本视图的配置

二、向视图

向视图是可自由配置的视图，如图 2-27 中图 D、E、F 所示。

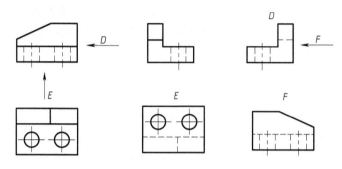

图 2-27 向视图的配置和标注

向视图是基本视图的另一种表现形式，它们的主要差别在于视图的配置，基本视图要按规定的位置配置，而向视图的配置是根据图样中的图形布置情况灵活配置。如图 2-27 所示，机件的右视图、仰视图和后视图没有按基本视图的位置配置而成为向视图。

画向视图时，应在向视图的上方标注"×"（×为大写拉丁字母），并在相应视图附近用箭头指明投射方向，并标注相同的字母，两处字母均应水平书写。为了不使向视图中机件的方位与主视图中的方位相互翻转或颠倒，表示向视图投射方向的箭头应尽可能配置在主视图上，表示后视图投射方向的箭头应配置在左视图或右视图上，如图 2-27 所示。

三、局部视图

将机件的某一部分向基本投射面投射所得的视图称为局部视图。

如图 2-28(a)所示的机件，当画出图 2-28(b)所示的主、俯视图后，圆筒上左侧凸台和右侧 U 形槽的形状还未表达完整，若为此画出左视图和右视图，则大部分表达内容是重复的，因此，可只将凸台及开槽处的局部结构分别向基本投射面投射，即画出两个局部视图。

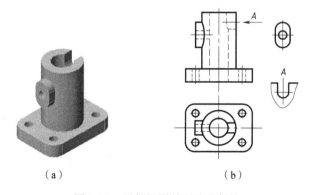

（a）   （b）

图 2-28 局部视图的画法和标注

当局部视图按基本视图的配置形式配置,中间又没有其他图形隔开时,可省略标注,如图 2-28(b)中表示左侧凸台的局部视图。局部视图也可按向视图的配置形式配置并标注,如图 2-28(b)中的 A 向视图。

局部视图的断裂边界用波浪线(或双折线)表示,当局部视图所表示的局部结构是完整的,且外形轮廓又是封闭状态时,则不必画出其断裂边界线,如图 2-28(b)所示。

四、斜视图

机件向不平行于基本投影面的平面投射所得的视图称为斜视图。

如图 2-29 所示,机件右侧的倾斜结构在各基本投影面上都不能反映实形,为了表达该部分的形状,选用一个平行于倾斜结构表面且垂直于基本指引面的平面作为辅助投影面,将倾斜结构向辅助投影面投射,所得视图即为斜视图。

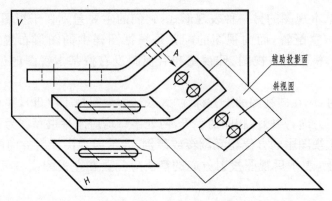

图 2-29　斜视图的形成

图 2-30 所示为该机件的一组视图,在主视图基础上,采用斜视图表达倾斜表面的真实形状,其他部分用波浪线断开。

斜视图断裂边界的画法与局部视图相同。斜视图通常按向视图的配置形式配置并标注,如图 2-30(a)所示。必要时,允许将斜视图旋转配置(将图形转正),但须在斜视图上方画出旋转符号。此时,表示该视图名称的大写拉丁字母应靠近旋转符号的箭头端,如图 2-30(b)所示。箭头所指方向为斜视图由图 2-30(a)到图 2-30(b)的旋转方向,也允许将旋转角度标注在字母之后,如图 2-30(c)所示。

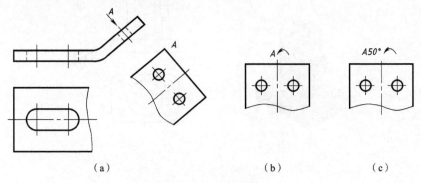

（a）　　　　　　　　　　（b）　　　　　　（c）

图 2-30　斜视图的画法和标注

知识储备 2.4　剖　视　图

机件的视图主要用于表达其外部结构形状,机件的内部结构在视图中一般为虚线,当内部结构较复杂时,视图上就会出现很多虚线,这给读图、画图及标注尺寸增加了困难,为了使原来不可见的部分转化为可见的,GB/T 4458.6—2002 中规定了剖视图的表达方法,剖视图主要用于表达机件的内部结构形状。

剖视图

一、剖视图的概念

(一)剖视图的形成

假想用剖切面剖开机件,将处在观察者和剖切面之间的部分移去,而将其余部分向投影面投射所得的图形称为剖视图,可简称为剖视。

如图 2-31(a)所示的机件,若采用图 2-31(b)所示的视图表达方案,则其上的孔、槽结构在主视图中均为虚线。

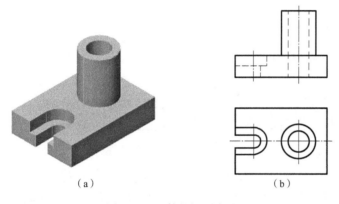

（a）　　　　　　　　　　　　（b）

图 2-31　机件的视图表达

如图 2-32(a)所示,用过机件前后对称面的剖切平面剖开机件,将其前半部分移去,将其后半部分向 V 面投射,即将主视图画成视剖图,表达方案如图 2-32(b)所示。对比两种表达方案可以看出,主视图画成剖视图后,虽然对外形的表达有一些影响,但将孔、槽结构由不可见转化成了可见的,结合俯视图,便能将机件的内外结构完整、清晰地表达出来。

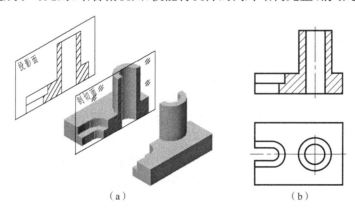

（a）　　　　　　　　　　　　（b）

图 2-32　机件的剖视图表达

(二)剖面区域表示法

假想用剖切面剖开机件后,剖切面与机件的接触部分称为剖面区域。为了清楚地表示机件被剖切的情况,在剖面区域中应画出剖面符号,不同类别材料的剖面符号见表 2-2。

表 2-2　剖面符号(摘自 GB/T 17453—1998)

金属材料(已有规定剖面符号者除外)	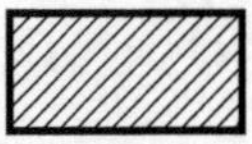	砖	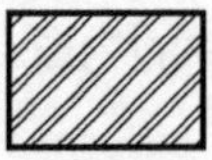	木材	纵剖面	
非金属材料(已有规定剖面符号者除外)		混凝土			横剖面	
玻璃及供观察用的其他透明材料	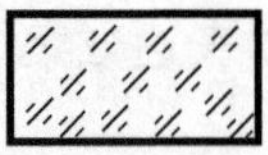	钢筋混凝土		液体		
转子、电枢、变压器和电抗器等的迭钢片		基础周围的泥土	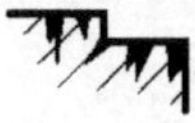	木质胶合板(不分层数)		
线圈绕组元件	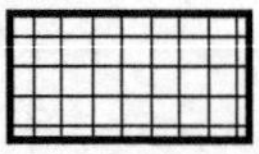	型砂、填砂、粉末冶金、砂轮、陶瓷刀片、硬质合金刀片等	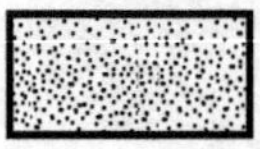	格网(筛网、过滤网等)		

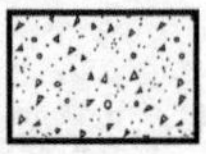

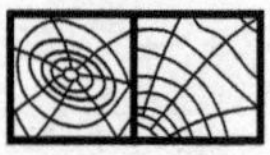

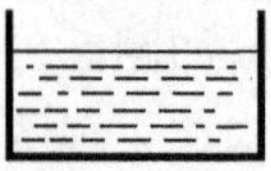

金属材料的剖面符号用一组等间隔的平行细实线画出,称为剖面线。剖面线应与机件的主要轮廓或剖面区域的对称线成 45°角,左、右倾斜均可。在同一张图样上,同一机件的各个剖面区域中,剖面线的方向和间隔应一致。

如图 2-33 所示,主视图中机件的主要轮廓与水平成 45°,而受自身及俯视图中剖面区域的制约,剖面线不能画成水平或竖直的平行线。这种情况下,应将主视图的剖面线画成与水平成 30°或 60°的平行线,但其倾斜方向与间隔仍应与俯视图的剖面线一致。

(三)画剖视图要注意的问题

(1)剖视图是假想剖开机件后画出的(以剖面符号体现),当机件的一个视图画成剖视图后,其他视图不受影响,仍应完整画出或以完整机件为原型再作剖切。

(2)选择剖切面的位置时,应通过相应内部结构的轴线或对称平面,以完整反映它的实形,应用较多的是以投影面的平行面作为剖切平面。

(3)作图时必须分清机件的移去部分和剩余部分,剖视图中只画剩余部分;还需分清机件被剖切部位的实体部分和空心部分,剖面符号只在实体部分画出。

剖视图中的可见轮廓可分成两部分:一是实体的切断面(剖面区域)轮廓,二是剖切面后的其他可见轮廓。初学时,往往容易漏画后者,如图 2-34 所示。

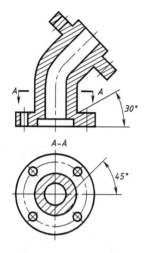

图 2-33　剖面线的画法

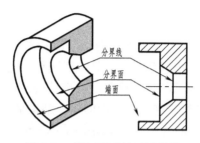

图 2-34　剖切面后的可见轮廓

（4）为使图形清晰，剖视图（也包括视图）中的不可见轮廓，若已在其他视图中表示清楚时，图 2-33 中的虚线没有画出，因为需要省略不画，此处不必修改。若画出少量虚线可减少视图数量，从而使机件的表达更为简练时，也可画出必要的虚线。如图 2-35 所示，主视图中画出少量的虚线，便能将底板的厚度表示清楚。

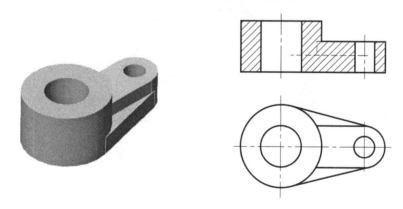

图 2-35　剖视图中画必要的虚线示例

(四)剖视图的标注

（1）一般应在剖视图上方标注剖视图的名称"×－×"（×为大写拉丁字母），在相应视图上用剖切符号（粗短画，长度约为 $6d$，d 为粗实线宽度）表示剖切位置，在起、迄处剖切符号的外侧画上与剖切符号垂直的箭头表示投射方向，并用同样的字母标出，如图 2-33 所示。剖切符号尽量不与图形的轮廓线相交，字母一律水平书写。

（2）当剖视图按投影关系配置，中间又没有其他图形隔开时，可省略箭头，图 2-33 中所标注的箭头即可省略。

（3）当单一剖切平面通过机件的对称面或基本对称面，且剖视图按投影关系配置，中间又没有其他图形隔开时，不必标注，如图 2-32、图 2-33 主视图及图 2-35 所示。

二、剖切面

机件上的内部结构，其形状和位置是多种多样的，为适应内部结构表达的需要，同时也为了在一个剖视图中表达尽量多的内部结构，GB/T 17452—1998 规定了三种剖切面形式：单一剖切面、几个平行的剖切平面、几个相交的剖切平面（交线垂直于某一基本投影面）。

(一)单一剖切面

单一剖切面包括单一剖切平面和单一剖切柱面。采用单一剖切柱面所做的剖视图，一般应采用展开画法。单一剖切平面使用较多，适用于机件某一投射方向上只有一处内部结构需要表达，或几处内部结构位于同一平面上的情况，此前所介绍的剖视图都是采用了平行于基本投影面的单一剖切平面。

图 2-36(a)所示的机件，采用了单一正垂面剖切，所切得的 $A-A$ 剖视图如图 2-36(b)所示，该剖视图既能将凸台上圆孔的内部结构表达清楚，又能反映顶部方法兰的实形。

由于剖切平面不平行于基本投影面，故剖视图相当于对机件剖切后的剩余部分所做的斜视图（剖面区域中画剖面线），其配置方法与斜视图相同，图 2-36(c)所示为旋转配置后的剖视图。

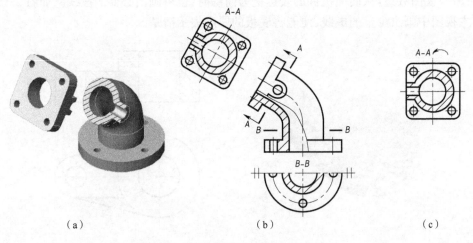

（a） （b） （c）

图 2-36 单一剖切平面获得的剖视图

(二)几个平行的剖切平面

当机件的内部结构处在几个相互平行的平面上时，可采用这种形式的剖切面，如图 2-37 所示。

采用几个平行的剖切平面剖切机件时，在图形内一般不应出现不完整的要素，剖切平面的转折处应是直角，转折面不得与图形的轮廓线重合，剖视图中不应画出转折面的投影，如图 2-38 所示。

标注剖视图时，除在剖切面的起、迄处分别标注剖切符号、字母和箭头（当剖视图按投影关系配置时可省略）外，还应用剖切符号表示剖切平面的转折位置并注写字母，如图 2-37 所示。当转折处位置有限且不至于引起误解时，允许省略字母。

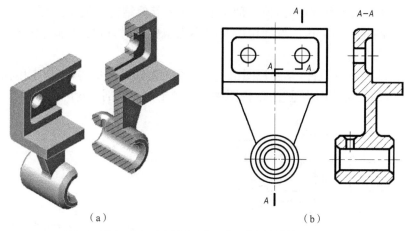

图 2-37　两个平行剖切平面获得的剖视图

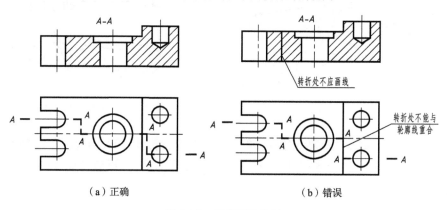

（a）正确　　　　　　　　　（b）错误

图 2-38　转折面的画法

（三）几个相交的剖切平面

对于整体或局部具有回转轴线的形体，可采用几个相交的剖切平面（交线垂直于某一投影面）剖切。

如图 2-39（b）所示的机件，用两个相交于轴线（正垂线）的平面剖切，将左侧部分移去后，先将被正垂面剖开的结构及有关部分绕轴线旋转到与 W 面平行的位置，再向 W 面投射，即"先剖、后转、再投射"，所得剖视图如图 2-39（a）所示。

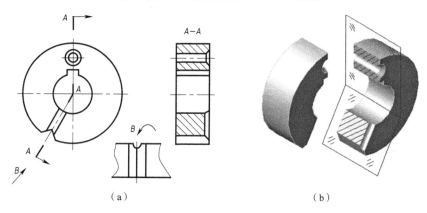

（a）　　　　　　　　　　（b）

图 2-39　用两个相交的剖切平面获得的剖视图

采用上述方法画剖视图时,位于剖切平面后的其他结构一般仍按原来的位置投射,如图 2-40 中圆筒上的小孔。当剖切后产生不完整要素时,应将此部分按不剖绘制,如图 2-40 中的无孔臂。

如图 2-41 所示的机件,其主视图由三个相交的剖切平面切得,剖切中用柱面作转折面,它与两侧的剖切平面均垂直,剖视图中不应画出柱面的剖切轮廓线。

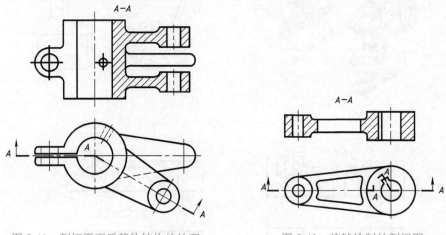

图 2-40   剖切平面后其他结构的处理   图 2-41   旋转绘制的剖视图

图 2-42 所示的机件,其左视图由四个相交的剖切平面切得,剖视图中应采用展开画法,剖视图上方标注"×－×展开"。位于剖切平面后的凸台,仍应按原来的位置投射。

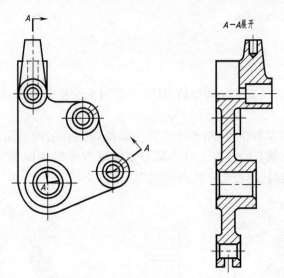

图 2-42   展开绘制的剖视图

三、剖视图的种类

按剖切面剖开机件的范围不同,剖视图可分为全剖视图、半剖视图和局部剖视图。

(一)全剖视图

用剖切面完全地剖开机件所得的剖视图称为全剖视图。

图 2-32~图 2-42 图中的剖视图,除图 2-36(b)的主视图为局部剖视图外,其余均为全剖视图。全剖视图主要用于表达机件整体的内部形状,当机件的外部形状简单,内部形状相对复杂,或者其外部形状已通过其他视图表达清楚时,可采用全剖视图。

(二)半剖视图

当机件具有对称平面时,向垂直于对称平面的投影面上投射所得的图形,可以对称中心线为界,一半画成剖视图,另一半画成视图,这种剖视图称为半剖视图。

半剖视图适用于内、外形状均需表达的对称机件。

如图 2-43 所示,机件的主、俯视图同时有内、外形状需要表达,如果主视图画成全剖视图,则其顶板下的凸台将被剖掉,如果俯视图画成全剖视图,则其顶板将被剖掉,从完整表达机件的内、外形状出发,还需画出表达凸台及顶板外形的其他视图(如局部视图)。由于机件左右对称,主视图就可以左右对称线为界,一半画成剖视图,另一半画成视图,如图 2-43(a)所示。这样就能用一个视图同时将这一方向上机件的内、外形状表达清楚,既减少了视图数量,又使得图形相对集中,便于画图和读图。由于机件前后对称,俯视图可以前后对称线为界画成半剖视图,在表达凸台上内孔的形状和圆筒前后位置的同时,将顶板的形状表达清楚。采用半剖视图的表达方案如图 2-43(b)所示。

半剖视图中,视图与剖视图的分界线应画成细点画线而不应画成粗实线,由于图形对称,视图侧已在另一侧剖视图中表达清楚的相应内部结构的虚线应省略不画。

半剖视图的标注方法与全剖视图相同。在图 2-43(c)中,由于剖得主视图的剖切平面与机件的前后对称面重合,故可省略标注,由于剖得俯视图的剖切平面不是机件的对称面,故需标出剖切符号和字母,但可省略箭头。

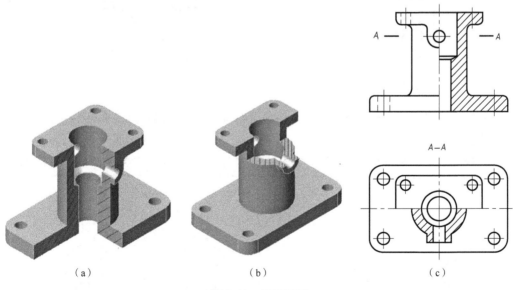

(a)　　　　　　　(b)　　　　　　　(c)

图 2-43　半剖视图

若机件的形状接近于对称,且不对称部分已另有图形表达清楚时,也可画成半剖视图。

(三)局部剖视图

用剖切面局部地剖开机件所得的剖视图称为局部剖视图。

局部剖视图也是一种内外形状兼顾的剖视图,但它不受机件是否对称的限制,其剖切位置和剖切范围可根据表达需要确定,是一种比较灵活的表达方法,一般适用于下列情况:

(1)不对称机件的内、外形状均需要表达,如图 2-44 所示。

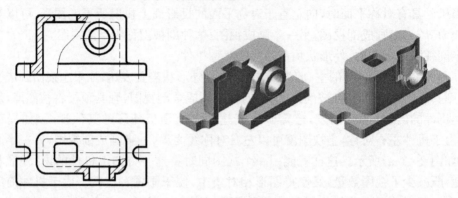

图 2-44　局部剖视图

(2)对称机件,因图形的对称中心线与轮廓线重合,不宜采用半剖视图,如图 2-45 所示。

(3)机件只有局部的内部形状需要表达,不必或不宜采用全剖视图,如图 2-46 和图 2-47 所示。

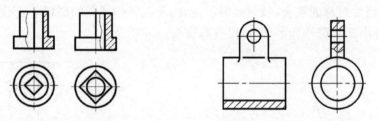

图 2-45　局部剖视图示例(一)　　　　图 2-46　局部剖视图示例(二)

局部剖视图用波浪线分界,波浪线表示机件实体断裂面的投影,不能超出图形,不能穿越剖切平面和观察者之间的通孔、通槽,也不能和图形上其他图线重合,如图 2-48 所示。当被剖切的局部结构为回转体时,允许将该结构的轴线作为局部剖与视图的分界线,如图 2-46 所示的主视图。

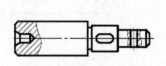
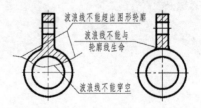

图 2-47　局部剖视图示例(三)　　　图 2-48　波浪线的错误画法

当单一剖切平面的剖切位置明确时,局部剖视图不必标注。

知识储备 2.5　其他表达方法

一、断面图

(一)断面图的概念

假想用剖切面将机件的某处切断,仅画出该剖切面与机件接触部分的图形称为断面图。

断面图图形简洁,重点突出,常用来表达轴上的键槽、销孔等结构,还可用来表达机件的肋、轮辐,以及型材、杆件的断面实形。

如图 2-49(a)所示的轴,当画出主视图后,其上键槽的深度尚未表示清楚,若画出图 2-49(b)所示的左视图,则键槽的投影为虚线,且图形不清晰。为此,可假想在键槽处用一垂直于轴线的剖切平面将轴切断,若画出图 2-49(c)所示的剖视图,其上还有一些表达内容和主视图相重复,也可画出图 2-49(d)所示的断面图,既能将键槽的深度表示清楚,且图形简单、清晰。

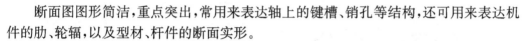

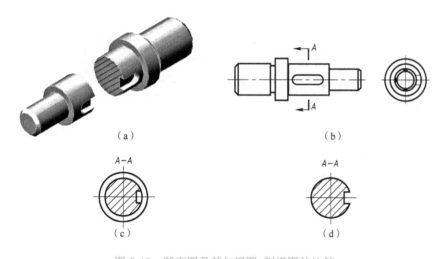

图 2-49　断面图及其与视图、剖视图的比较

对比剖视图和断面图可以看出,它们都要画出机件的剖面区域轮廓,但断面图不必画出剖切平面后的其他可见轮廓。

断面图按在图中放置位置不同,可分为移出断面图和重合断面图。

(二)移出断面图的画法

移出断面图的轮廓线用粗实线绘制,应尽量配置在剖切符号或剖切线(表示剖切平面位置线,用细点画线绘制)的延长线上,如图 2-50(b)(c)所示;也可配置在其他适当的位置,如图 2-50(a)(d)所示。当断面图形对称时,也可画在视图的中断处,如图 2-51所示。

移出断面图的一般标注方法和剖视图相同,如图 2-49(d)所示。当移出断面图配置在剖切符号或剖切线的延长线上时,不必标注字母,如图 2-50(b)(c)所示。不配置在剖切符号延长线上的对称移出断面,以及按投影关系配置的移出断面,一般不必标注箭头,如图 2-50(a)(d)所示。配置在视图中断处的对称移出断面不必标注,如图 2-51 所示。

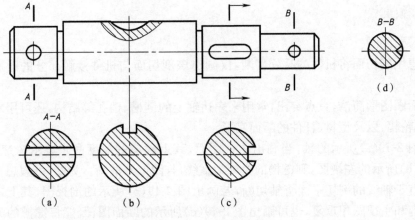

图 2-50 移出断面图

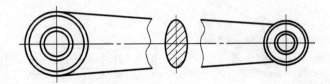

图 2-51 画在视图中断处的移出断面图

画移出断面图时要注意的问题:

(1)由两个或多个相交的剖切平面剖切得出的移出断面,中间一般应断开,如图 2-52 所示。

(2)当剖切平面通过回转面形成的孔或凹坑的轴线时,这些结构应按剖视图要求绘制,如图 2-50(a)(d)所示,图中应将孔(或坑)口画成封闭。

(3)当剖切平面通过非圆孔,会导致出现完全分离的两个断面时,这些结构应按剖视图要求绘制,如图 2-53 所示。

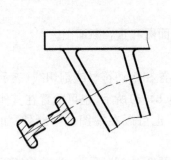

图 2-52 两相交平面切得的断面图

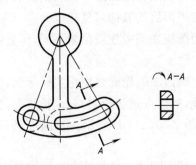

图 2-53 局部按剖视绘制的断面图

(三)重合断面图的画法

画在视图轮廓线内的断面图称为重合断面图。当机件的断面形状较简单时,可采用重合断面图表示。

重合断面图的轮廓线用细实线绘制,当视图中的轮廓线与重合断面的图形重叠时,视图中的轮廓线仍应连续画出,不可间断,如图 2-54(a)所示。

不对称的重合断面可省略标注,如图 2-54(a)所示。对称的重合断面不必标注,如图 2-54(b)(c)所示。

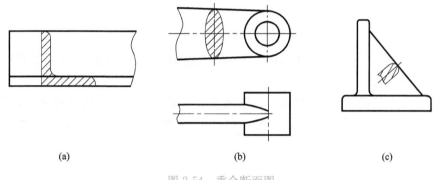

|(a)|(b)|(c)|

图 2-54　重合断面图

二、局部放大图

将机件的部分结构,用大于原图形所采用的比例画出的图形称为局部放大图。

画局部放大图所采用的比例,应根据结构表达的需要确定,可根据需要将局部放大图画成视图、剖视图、断面图,与被放大部分的表达方式无关,如图 2-55 所示。

画局部放大图时,应用细实线圈出被放大部位,局部放大图应尽量配置在被放大部位附近,当同一机件上有几个被放大部分时,必须用罗马数字顺序地标明被放大的部位,并在局部放大图上方标注出相应的罗马数字和所采用的比例,如图 2-55 所示。

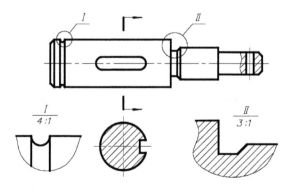

图 2-55　局部放大图(一)

必要时可用几个图形来表达同一被放大部分的结构,如图 2-56 所示。由于机件上只有一个被放大部分,故在局部放大图的上方只需注明所采用的比例。

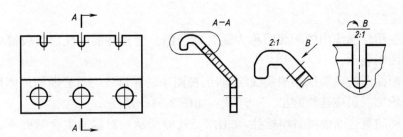

图 2-56　局部放大图（二）

三、简化画法

为方便读图和绘图，GB/T 16675.1—1996 规定了视图、剖视图、断面图及局部放大图中的简化画法，现摘要如下。

（1）为了节省绘图时间和图幅，对称机件的视图可只画一半或四分之一，并在对称中心线的两端各画出两条与其垂直的平行细实线，如图 2-57 所示。这是一种用对称中心线代替了断裂边界的局部视图。

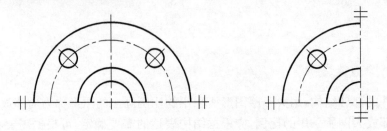

图 2-57　对称机件的局部视图

（2）对于机件的肋、轮辐及薄壁等，如按纵向剖切，这些结构都不画剖面符号，而用粗实线将它和相邻部分分开，如图 2-58（b）的主视图和图 2-59 所示。所绘制的粗实线应保证相邻结构完整（注意它和相应视图轮廓的区别）。当这些结构被横向剖切时，仍应按正常画法绘制，如图 2-58（b）的 A—A 剖视图和图 2-59 中的重合断面图。

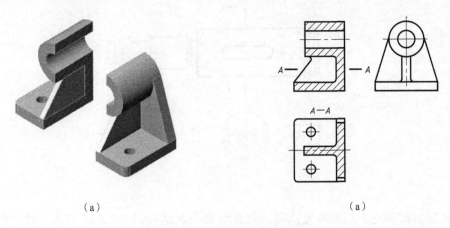

（a）　　　　　　　　　　　　（a）

图 2-58　肋板的剖切画法

（3）当零件回转体上均匀分布的肋、轮辐、孔等不处于剖切平面上时，可将这些结构旋转到剖切平面上画出，如图 2-59 和图 2-60 所示。应注意这种画法与两相交剖切平面剖切的区别。

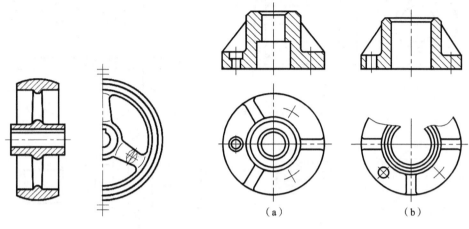

图 2-59　轮辐的剖切画法　　　　　图 2-60　均匀分布的肋与孔的剖切画法

（4）在不致引起误解的情况下，剖视图和断面图中的剖面符号可省略，如图 2-61所示。

（5）必要时，在剖视图的剖面中可再作一次局部剖。采用这种方法表达时，两个剖面区域的剖面线应同方向、同间隔，但要相互错开，并用引出线标注其名称，如图 2-62所示。

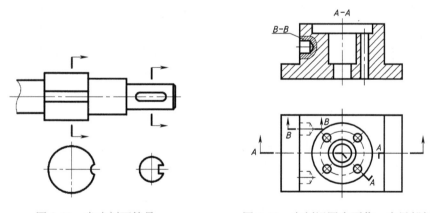

图 2-61　省略剖面符号　　　　　图 2-62　在剖视图中再作一次局部剖

（6）在需要表示位于剖切平面前的结构时，这些结构按假想投影的轮廓线即用细双点画线绘制，如图 2-63 所示。

（7）圆柱法兰和类似零件上均匀分布的孔，可按图 2-64 所示的方法表示其分布情况（由机件外向该法兰端面方向投射）。

（8）较长的机件（如轴、杆、型材、连杆等）沿长度方向的形状一致或按一定规律变化时，可断开后缩短绘制，如图 2-65 所示。机件的轴线（或对称线）仍应连续画出。

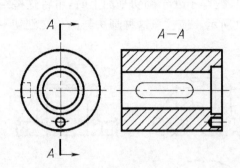

图 2-63 用假想轮廓线表示剖切平面前的结构

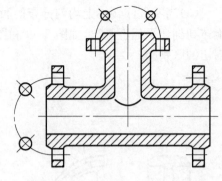

图 2-64 法兰端面均布孔的表示法

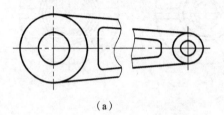

（a）

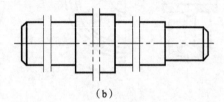

（b）

图 2-65 较长机件的断开画法

（9）当机件具有若干相同的结构（如齿、槽等），并按一定规律分布时，只需画出几个完整的结构，其余用细实线连接，在图中则必须注明该结构的总数，如图 2-66 所示。

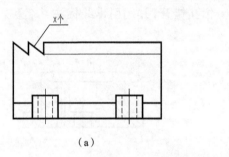

（a）

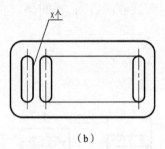

（b）

图 2-66 相同结构成规律分布的简化画法

（10）若干直径相同且成规律分布的孔（如圆孔、螺孔、沉孔等），可以仅画出一个或少量几个，其余只需用细点画线表示其中心位置，如图 2-67 所示。

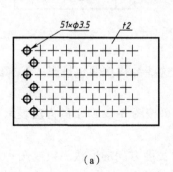

（a）

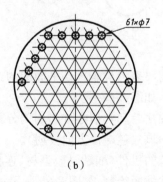

（b）

图 2-67 直径相同且成规律分布孔的简化画法

(11)当机件上较小的结构及斜度等已在一个图形中表达清楚时,其他图形可简化或省略,如图 2-68 所示。

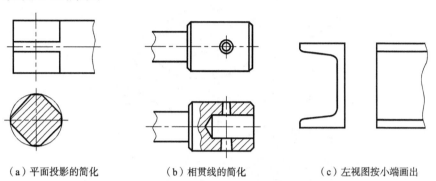

（a）平面投影的简化　　　　（b）相贯线的简化　　　　（c）左视图按小端画出

图 2-68　机件上较小的结构及斜度的简化画法

表达机件时,应首先考虑看图方便,根据机件的结构特点,选用适当的表达方法,在完整、清晰地表达机件各部分形状及其相对位置的前提下,力求制图简便。应使所画出的每个视图、剖视图和断面图等都有明确的表达目的,尽量避免不必要的细节重复,同时又要注意它们之间的相互联系。尽量避免使用虚线表达机件的轮廓。

任务 2.1　绘制组合体三视图

任务描述

根据轴测图(见图 2-69 和图 2-70),在 A3 图纸上用 1∶1 比例画三视图并标注尺寸。

任务实施

▶ 步骤 1　画各个视图的作图基准线。
▶ 步骤 2　按形体分析画各个基本形体的三视图。
▶ 步骤 3　检查底稿,擦去多余图线,加深。
▶ 步骤 4　标注尺寸、填写标题栏。

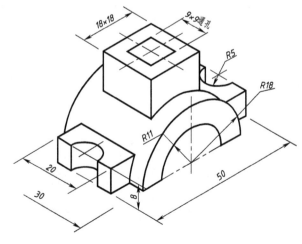

图 2-69　轴测图一

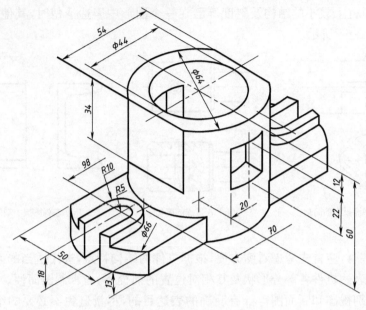

图 2-70 轴测图二

任务 2.2 补画三视图

任务描述

根据两视图(见图 2-71 和图 2-72)想象组合体的形状,并补画出另一个视图。

任务实施

- 步骤 1 分析已知视图。
- 步骤 2 分线框,对投影,想象物体形状。
- 步骤 3 画出缺少的视图。
- 步骤 4 检查,加深。

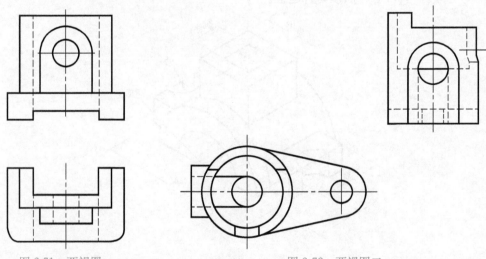

图 2-71 两视图一   图 2-72 两视图二

任务2.3 绘制剖视图

任务描述

将主视图(见图 2-73)改画为全剖视图,并作半剖左视图。

任务实施

- ▷ 步骤 1 画各个视图的作图基准线。
- ▷ 步骤 2 按形体分析画各个基本形体的三视图。
- ▷ 步骤 3 检查底稿,擦去多余图线。
- ▷ 步骤 4 画剖面线。
- ▷ 步骤 5 加深。
- ▷ 步骤 6 标注尺寸、填写标题栏。

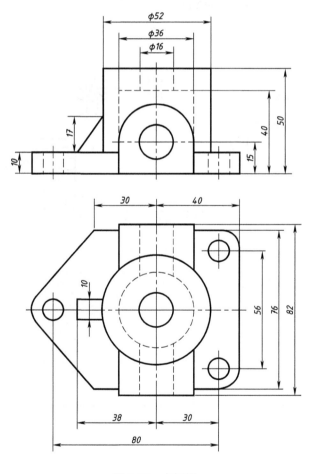

图 2-73 主视图

任务 2.4 视图综合练习

任务描述

选用适当的表达方法,按 1∶1 比例在 A3 图纸上画出以下机件(见图 2-74 和图 2-75),并标注尺寸。

任务实施

▷ 步骤 1 画各个视图的作图基准线。

▷ 步骤 2 按形体分析画各个基本形体的三视图。

▷ 步骤 3 检查底稿,擦去多余图线。

▷ 步骤 4 画剖面线。

▷ 步骤 5 加深。

▷ 步骤 6 标注尺寸、填写标题栏。

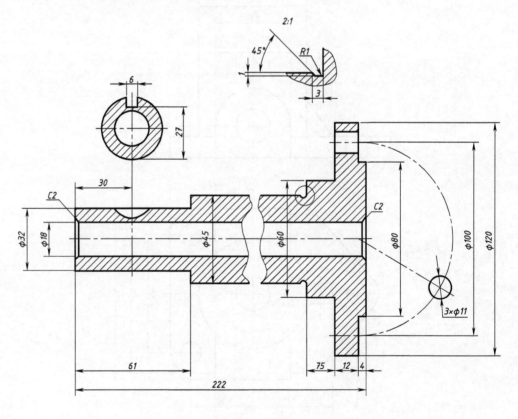

图 2-74 机件一

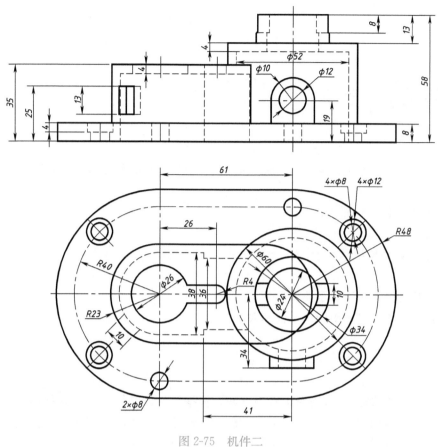

图 2-75　机件二

思 考 题

1. 正投影三视图相互处于什么位置？每一种投影面的名称是什么？用什么符号表示？

2. 机件的视图表达方法有哪些，分别应用在什么场合？

3. 剖视图和断面图有什么区别？

项目 ❸ 零件图的绘制

本项目将进一步学习零件图的视图选择、尺寸和技术要求的标注及零件图的识读。

【知识目标】

★ 熟悉零件的视图选择。

★ 熟悉零件图尺寸标注。

★ 了解零件图技术要求。

【能力目标】

★能正确识读和绘制零件图。

★能正确标注零件图和注写技术要求。

知识储备 3.1　零件的视图选择

零件的视图选择，应首先考虑看图方便。根据零件的结构特点，选用适当的表示方法。在完整、清晰的前提下，力求制图简便。确定表达方案时，首先应合理地选择主视图，然后根据零件的结构特点和复杂程度恰当地选择其他视图。

一、主视图的选择

选择主视图包括选择主视图的投射方向和确定零件的安放位置，应遵循以下几个原则：

1. 形状特征原则

零件属于组合体的范畴，主视图是零件表达的核心，应把能较多地反映零件结构形状特征的方向作为主视图的投射方向。

2. 加工位置原则

在确定零件安放位置时，应使主视图尽量符合零件的加工位置，以便于加工时看图。如轴套类零件主要在车床上进行加工，故其主视图应按轴线水平位置绘制，如图 3-1 所示。

3. 工作位置原则

主视图中零件的安放位置，应尽量符合零件在机器或设备上的安装位置，以便于读图时想象其功用及工作情况。图 3-2 所示为吊钩和汽车前拖钩。

在确定主视图中零件的放置位置时，应根据零件的实际加工位置和工作位置综合考虑。当零件具有多种加工位置时，则主要考虑工作位置，例如壳体、支座类零件的主视图通常按工作位置画出。对于某些安装位置倾斜或工作位置不确定的零件，应遵循自然安放的平稳位置。

选择主视图时，还应兼顾其他视图作图方便及图幅的合理使用。

零件视图的
选择

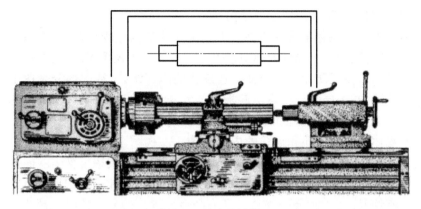

图 3-1　轴套类零件

图 3-2　吊钩和汽车前拖钩

二、其他视图的选择

主视图确定后,要运用形体分析法,分析该零件还有哪些形状和位置没有表达完全,还需要增加哪些视图。对每一视图,还要根据其表达的重点,确定是否采用剖视或其他表达方法。

视图数量以及表达方法的选择,应根据零件的具体结构特点和复杂程度而定,是第 6 章所学习的各种表达方法的综合运用,具体选择表达方案时,应注意以下几方面的问题:

(1)选择其他视图时,零件的主要结构形状优先在基本视图(包括取剖视)上表达;次要结构、局部细节形状可用局部视图、斜视图、局部放大图、断面图等表达。

(2)正确运用集中表达与分散表达。对一些局部结构,可以适当集中,以充分发挥每个视图的作用,但应避免在同一视图中过多地使用局部剖视,不应单纯追求少选视图而增加读图困难。

(3)尽量避免使用虚线表达零件的轮廓,但在不会造成读图困难时,可用少量虚线表示尚未表达完整的局部结构,以减少一个视图。

(4)尽量避免不必要的重复表达,特别是要善于通过适当的表达方法避免复杂而不起作用的投影,提倡运用标准规定的简化画法,以简化作图。

(5)在视图上标注具有特征内含的尺寸如 ϕ、$S\phi$、t、C、M、□、EQS 等,可以减少视图数量。

图 3-3(a)所示为减速箱体的轴测图。零件的主体为方形壳体,中空部分用以容纳轴、齿轮等传动件;箱体四周有圆柱形凸台和轴孔,凸台外侧均布一定数量的螺孔,用以支承传动轴及固定端盖;箱体顶面布置有四个螺孔,用以固定箱盖;箱体底座为长方体结构,四角分布着四个圆形凸台及安装孔;为减少加工面积并增加稳固性,箱体底部的

安装接触面为四角凸起、中部凹下的结构。

图 3-3(b)所示为箱体的表达方案。由于箱体的结构比较复杂,故选用了三个基本视图、三个局部视图和一个局部剖视图来表达。箱体的主视图按工作位置放置,采用局部剖视表达了箱体左下侧和右侧的轴孔及螺孔的内部结构,视图部分表达了前凸台上螺孔的分布情况,并用局部剖视表达底板上的安装孔。俯视图表达了底板的外形和箱体四周各个凸台的分布情况,同时表达了箱体顶面的螺孔及凸台的分布情况;采用局部剖视表达了箱体左上侧轴孔和螺孔的内部结构。左视图采用全剖视,进一步表达了箱体的内腔和前后轴孔及螺孔的内部结构。*C-C* 局部剖视图表达了箱体左内侧凸台的形状及轴孔的具体位置。*D* 向局部视图表达了箱体左侧两个相连的圆形凸台的形状及其上螺孔的分布情况。E 向局部视图表达了右凸台上螺孔的分布情况。箱体底面凸台的形状由 F 向局部视图表达。

(a)

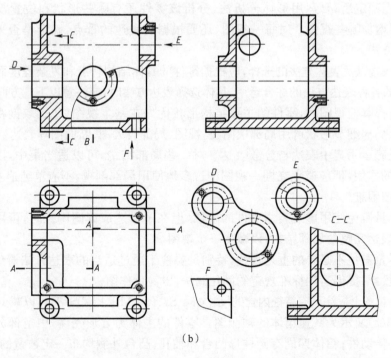

(b)

图 3-3　箱体

知识储备 3.2　零件图的尺寸标注

一、功能尺寸的确定

从形体分析的角度来看,零件的尺寸可以分为定形尺寸、定位尺寸和总体尺寸。从结构功能分析的角度来看,零件的尺寸可分为功能尺寸和非功能尺寸。

功能尺寸或称主要尺寸,是指那些影响产品的机械性能、工作精度等的尺寸。功能尺寸通常有一定的精度要求,一般包括以下几方面的尺寸:

1. 参与装配尺寸链的尺寸

图 3-4 所示为某圆柱齿轮减速器轴系零件沿轴线方向的功能尺寸,其重要性在于图中所注的公称尺寸应满足 $A = A_1 + 2A_2 + A_3 + A_4 + A_5 + A_6$,其中 A_3 为可调整尺寸,以满足轴系装配后的松紧要求。

2. 与其他零件构成配合的尺寸

图 3-4 中传动轴上安装轴承及齿轮轴段的直径尺寸 $\phi 1$、$\phi 2$、$\phi 3$,它们的大小影响着安装后配合的松紧程度。

3. 重要的定位尺寸

图 3-4 中箱体相邻两支承孔的中心距 B(另一个支承孔未画出),该尺寸影响着传动轴上两啮合齿轮的径向间隙。

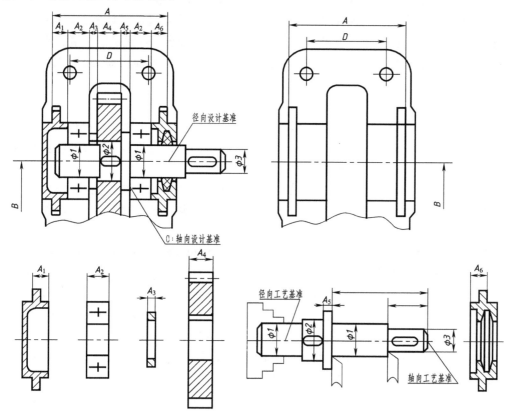

图 3-4　功能尺寸和尺寸基准

4. 与其他零件配对连接的定位尺寸

图 3-4 中箱体安装孔的定位尺寸 D，该尺寸应与箱盖上相应配对孔的定位尺寸相同。

非功能尺寸是指那些不影响产品机械性能和工作精度的结构尺寸。这类尺寸一般不参与装配尺寸链，它们所确定的是零件上一些与其他零件的表面不相连接的非主要表面，其尺寸精度一般要求不高。

二、尺寸基准

尺寸基准就是标注、度量尺寸的起点，选择零件的尺寸基准时，首先要考虑功能设计要求，其次考虑方便加工和测量，为此有设计基准和工艺基准之分。

(一)设计基准

根据零件的结构特点和设计要求所选定的基准称为设计基准。一般是在装配体中确定零件位置的面或线。

如图 3-4 所示，传动轴通过两个滚动轴承支承在箱体两侧的同心孔内，实现径向定位；轴向以轴肩 C 与滚动轴承接触定位。因此，从设计要求出发，该轴的径向基准为轴线，轴向基准为轴肩 C。

(二)工艺基准

为方便零件的加工和测量而选定的基准称为工艺基准。一般是在加工过程中确定零件在机床上的装夹位置或测量零件尺寸时所利用的面或线。

如图 3-4 所示，从传动轴在车床上加工时的装夹及测量情况可以看出，其轴线既是径向设计基准又是径向工艺基准。而车削时车刀的轴向终点位置是以右端面为基准来定位的，故右侧轴段的轴向尺寸应以右端面为基准，因此，右端面为轴向工艺基准。

三、尺寸基准的选择原则

(1)零件的长、宽、高三个方向，每一方向至少应有一个尺寸基准。若有几个尺寸基准，其中必有一个主要基准(一般为设计基准)，其余为辅助基准(一般为工艺基准)，主要基准和辅助基准之间必须有直接的尺寸联系。

(2)决定零件的功能尺寸且首先加工或画线确定的对称面、装配面(底面、端面)以及主要回转面的轴线等常作为主要基准。功能尺寸应从主要基准标注，非功能尺寸应从辅助基准标注。

(3)应尽量使设计基准与工艺基准重合，以减少因基准不一致而产生的误差。

图 3-5 所示的轴承座，中心高 19 ± 0.02 是影响工作性能的功能尺寸。由于轴一般是由两个轴承座来支承，为使轴线水平，两个轴承座的支承孔必须等高，同时轴承座底面是首先加工出来的，因此在标注轴承座的高度方向尺寸时，应以底面作为主要基准，底面既是设计基准，又是加工轴孔的工艺基准。而轴承座上部螺孔的深度 6 是以上端面为基准标注的，这样标注便于加工时直接测量孔深，因此上端面是辅助基准。长度方向应以左右对称面为基准，以保证底板上两个安装孔之间的距离 46 及其对轴孔的对称关系；宽度方向以前后对称面为基准，以保证底板上的两个安装孔及上端的螺孔前后方向处于同一平面上。对称面通常既是设计基准又是工艺基准。

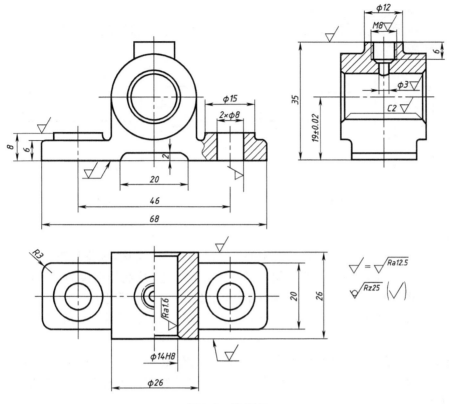

图 3-5 轴承座

四、合理标注尺寸的具体要求

(一)功能尺寸必须直接注出

图 3-6 所示为轴承座,轴孔的中心高 19 ± 0.02 是功能尺寸,加工时必须保证其尺寸精度,所以应直接以底面为基准标注,而不能将其代之为 8 和 11。因为在加工零件过程中,尺寸总会有误差,如果分别注写 8 和 11,两个尺寸加在一起就会有积累误差,为了保证 19 ± 0.02,若将误差平均分配,8 和 11 的误差都将控制在 ±0.01,这显然增加了加工的难度,况且这两个尺寸也没必要加工到这样的精度。同理,轴承座底板上两个螺栓孔的中心距 46 应直接注出,而不应该注 11。

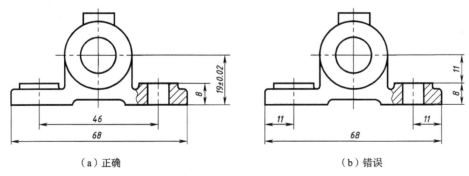

(a)正确   (b)错误

图 3-6 功能尺寸应直接注出

(二)不要注成封闭的尺寸链

图 3-7 所示为阶梯轴,其长度方向的尺寸 A、B、C、D 首尾相接,构成一个封闭的尺寸链,这种情况应避免。

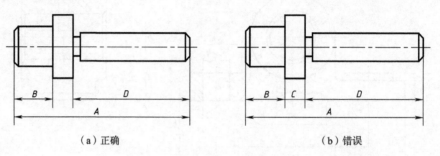

（a）正确　　　　　　　　　　　（b）错误

图 3-7　避免封闭的尺寸链

由于 $A=B+C+D$,封闭尺寸链中的每一尺寸的尺寸精度,都将受链中其他各尺寸误差的影响,很可能将加工误差积累在某一重要尺寸上,从而导致废品。所以,应当挑选一个最不重要的尺寸空出不注,称为开口环,如图 3-7 中的尺寸 C。这样,其他尺寸的加工精度就可以根据需要制订,这些尺寸的加工误差都将积累在这个不要求检验的尺寸上。

对于开口环的尺寸,如在加工或绘图过程中确有参考价值,可将这类尺寸的尺寸数字加上圆括号在图中注出,称为参考尺寸。参考尺寸并非图上确定几何形状所必需的尺寸,故无须检验。

(三)非功能尺寸主要按工艺要求标注

1. 符合加工顺序

图 3-8(a)所示为销轴,只有 $\phi15f8$ 轴段的长度 18 为长度方向的功能尺寸,要直接注出,其余都按车床的加工顺序标注。如图 3-8(b)所示,为备料注出总长 56,为加工右端 M10 的外圆,直接注出尺寸 20。退刀槽的宽度尺寸 3 应直接注出,以方便选择切槽刀。

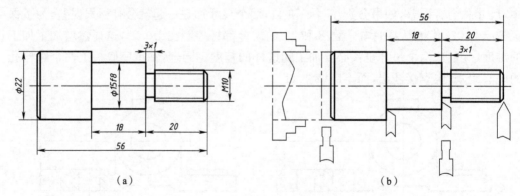

（a）　　　　　　　　　　　　　　　（b）

图 3-8　按加工顺序标注尺寸

2. 考虑加工方法

如图 3-9(a)所示,轴承座和轴承盖上的半圆孔是二者合起来共同加工的,因此它们半圆尺寸应注 ϕ 而不注 R。如图 3-9(b)所示,轴上的半圆键键槽用盘形铣刀加工,故其圆弧轮廓也应注直径 ϕ（即铣刀直径）。标注圆锥销孔的尺寸时，应按图 3-9(c) 的形式引出标注，因为定位及连接用的锥销孔是将两个零件装配在一起后加工的（称为"配作"），其中 $\phi4$ 指所配圆锥销的公称直径（小端直径）。

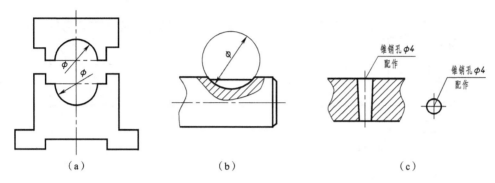

图 3-9　按加工方法标注尺寸

3. 区分不同的加工阶段

对属于同一加工阶段的尺寸，最好自成一组，并使其中一个尺寸与其他阶段的尺寸联系起来。零件的高度方向上，底面和顶面为加工面，其余均为铸造毛坯面。如图 3-10(a) 所示，各毛坯面均以底面为基准标注尺寸不合理，因为毛坯面在切削加工之前就已形成，切削加工后，这些尺寸都要改变，要同时保证这几个尺寸实际上是不可能的，所以毛坯面尺寸应自成一组，并且与加工面之间一般只用一个尺寸联系起来。正确注法如图 3-10(b) 所示。图 3-11 所示轴的轴向尺寸，最好将车削和铣削尺寸分开标注，便于不同加工阶段的读图。

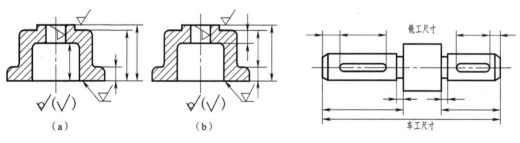

图 3-10　毛坯面与加工面尺寸分别标注　　　　图 3-11　车削、铣削尺寸分别标注

4. 考虑测量方便

在没有功能要求或其他重要要求时，标注尺寸应尽量考虑使用普通量具，以方便测量，如图 3-12 所示。

四、零件上常见结构的尺寸注法

零件上的倒角、倒圆、铸造圆角、退刀槽、螺纹、键槽、锥度、斜度以及各种孔等常见结构的尺寸标注，因这些结构大多已标准化，应用时其具体的尺寸可查阅相关设计手册。

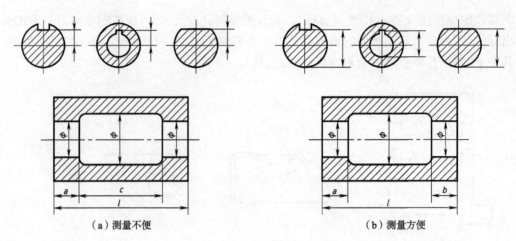

（a）测量不便　　　　　　　　　　　　（b）测量方便

图 3-12　尺寸标注应便于测量

知识储备 3.3　零件图的技术要求

零件图除了表达零件结构形状与大小的一组视图和尺寸外,还必须标注和说明零件在制造和检验中的技术要求,主要包括表面结构要求、极限与配合、几何公差、材料及热处理要求等。这些内容用规定的符号、代号标注在图中,有的可用文字分条注写在图纸下方的空白处。

一、表面结构的表示法

零件上宏观看起来光滑的加工表面,在放大镜（或显微镜）下观察时,可以看到不同程度的峰谷,如图 3-13 所示。零件表面的微观几何形状特性用表面结构要求来限定。

表面结构是衡量零件表面质量的重要技术指标。它对零件的耐磨性、抗腐蚀性、疲劳强度、密封性、配合性质和外观等都有影响。对零件的表面结构要求越高,加工费用越高,因此应根据零件的功用合理地选择。

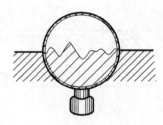

图 3-13　表面的微观形状

（一）表面结构要求的符号和代号

表面结构要求以代号形式在零件图上标注。其代号由符号和在符号上标注的参数及说明组成。表面结构要求符号的意义和画法见表 3-1。

表 3-1　表面结构要求符号的意义和画法

符　号	意义及说明	符号画法
$\sqrt{}$	基本符号　表示对表面结构有要求。没有补充说明时不能单独使用,仅用于简化代号标注	$H_1 \approx 1.4h$ H_2（最小值）$\approx 3h$ $d' \approx h/10$ （h 为字体高度）
$\sqrt{}$	扩展符号　基本符号加一短划,表示表面是用去除材料的方法获得。例如:车、铣、钻、磨、剪切、抛光、腐蚀、电火花加工、气割等	

续表

符　　号	意义及说明	符号画法
 ∨（加小圆）	扩展符号　基本符号加一小圆,表示表面是用不去除材料的方法获得。例如:铸、锻、冲压变形、热轧、冷轧、粉末冶金等,或者是用于保持原供应状况的表面(包括保持上道工序的状况)	$H_1 \approx 1.4h$ H_2（最小值）$\approx 3h$ $d' \approx h/10$ （h 为字体高度）
 ∨ ∨ ∨（加横线）	完整图形符号　在上述三个符号的长边上均可加一横线,用于标注表面结构特征的补充信息	
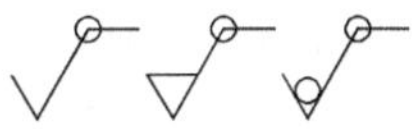 ∨ ∨ ∨（加小圆）	在上述三个符号上均可加一小圆,标注在图样中工件的封闭轮廓线上,表示在该视图上构成封闭轮廓的各表面有相同的表面结构要求	

为了明确表明表面结构要求,除了标注表面结构参数和数值外,必要时应标注补充要求,补充要求包括传输带、取样长度、加工工艺、表面纹理及方向、加工余量等。表面结构的单一要求和补充要求在完整图形符号中的注写位置如图 3-14 所示。

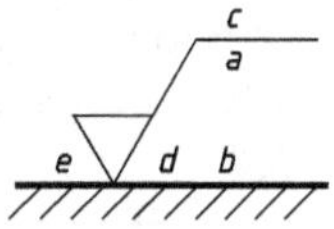

表面结构的表示法涉及下面的参数。

(1)轮廓参数。与 GB/T 3505 相关的参数有 R 轮廓(粗糙度参数)、W 轮廓(波纹度参数)、P 轮廓(原始轮廓参数)。

(2)图形参数。与 GB/T 18618 相关的参数有粗糙度图形、波纹度图形。

(3)与 GB/T 18778.2 和 GB/T 18778.3 相关的支承率曲线参数。

允许在表面结构参数的所有实测值中超过规定值的个数少于总数的 16％ 称为"16％规则",此规则是所有表面结构要求标注的默认规则。要求表面结构参数的所有实测值不得超过规定值称为"最大规则",应用此规则时,参数代号中应加注"max"。最大规则不适用于图形参数。

传输带用于指定表面结构参数测定滤波器的截止波长(mm),短波滤波器在前,长波滤波器(取样长度)在后,并用连字号"-"隔开。表面结构要求的注写示例见表 3-2。

a—注写表面结构的单一要求;
b—注写第二个表面结构要求;
c—加工方法、表面处理、涂层或其他加工工艺要求等;
d—表面纹理和方向符号;
e—加工余量 (mm)。

图 3-14　表面结构要求代号

表 3-2　表面结构要求的注写

代　号	含　义	代　号	含　义
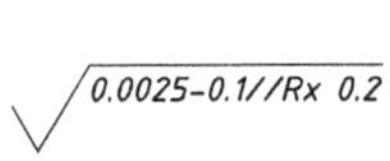 ∨ 0.0025-0.1//Rx 0.2	表示任意加工方法,单向上限值,传输带 λs＝0.0025 mm,A＝0.1 mm,评定长度 3.2 mm(默认),粗糙度图形参数,粗糙度图形最大深度 0.2 μm,"16％规则"(默认)	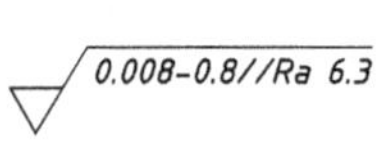 ∨ 0.008-0.8//Ra 6.3	表示去除材料,单向上限值,传输带 0.008～0.8 mm,R 轮廓,算术平均偏差 6.3 μm,评定长度为 5 个取样长度(默认),"16％规则"(默认)
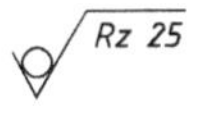 ∨ Rz 25	表示不允许去除材料,单向上限值,默认传输带,R 轮廓,粗糙度最大高度 25 μm,评定长度为 5 个取样长度(默认),"16％规则"(默认)	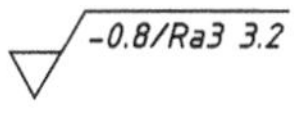 ∨ -0.8/Ra3 3.2	表示去除材料,单向上限值,传输带:取样长度 0.8 mm(λs 默认 0.0025 mm)。R 轮廓,算术平均偏差 3.2 μm,评定长度为 3 个取样长度,"16％规则"(默认)

代　号	含　义	代　号	含　义
$\sqrt{}$ Ra 3.2	表示去除材料，单向上限值，默认传输带，R 轮廓，算术平均偏差 3.2 μm，评定长度为 5 个取样长度（默认），"16%规则"（默认）	$\sqrt{}$ 0.8-25/Wz3 10	表示去除材料，单向上限值，传输带 0.8～25 mm，W 轮廓，波纹度最大高度 10 μm，评定长度为 3 个取样长度，"16%规则"（默认）
$\sqrt{}$ URamax 3.2 LRa 0.8	表示不允许去除材料，双向极限值，两极限值均使用默认传输带，R 轮廓。上限值：算术平均偏差 3.2 μm，评定长度为 5 个取样长度（默认），"最大规则"；下限值：算术平均偏差 0.8 μm，评定长度为 5 个取样长度（默认），"16%规则"（默认）	$\sqrt{}$ 0.008-/Pt max 25	表示去除材料，单向上限值，传输带 λs＝0.008 mm，无长波滤波器，P 轮廓，轮廓总高 25 μm，评定长度等于工件长度（默认），"最大规则"

(二)Ra 值及其选择

表面结构 R 轮廓（粗糙度参数）参数中，算术平均偏差 Ra 表示在取样长度内，被测轮廓上各点到中线距离的绝对值的算术平均值。Rz 表示取样长度内的轮廓最大高度。表 3-3 列出了常见表面的 Ra 参考值及相应的加工方法。

表 3-3　常见表面的 Ra 参考值及加工方法

表面特征	Ra 参考值/μm	加工方法	应　用
粗面	100、50、25	粗车、粗铣、粗刨、钻孔等	非接触面
半光面	12.5、6.3、3.2	精车、精铣、精刨、粗磨等	一般要求的接触面、要求不高的配合面
光面	1.6、0.8、0.4	精车、精磨、研磨、抛光等	较重要的配合表面
极光面	0.2 及更小	研磨、超精磨、精抛光等特殊加工	特别重要的配合面，特殊装饰面

(三)表面结构要求在图样中的注法

1. 基本注法

表面结构要求对每一表面一般只标注一次，并尽可能注在相应的尺寸及其公差的同一视图上。表面结构要求代号一般标注在可见轮廓线、尺寸界线、引出线或它们的延长线上，符号的尖端应从材料外指向并接触表面，如图 3-15(a) 所示。表面结构参数的注写和读取方向与线性尺寸的注写和读取方向一致，如图 3-15(b) 所示。

2. 统一注法

零件的所有表面都应有明确的表面结构要求，但可采用统一说明的方法简化标注。

(1)如果工件的多数表面有相同的表面结构要求，则其表面结构要求可统一标注在图样的标题栏附近，如图 3-16 所示。

(2)当所有表面具有相同的表面结构要求时，其表面结构要求可统一标注在图样的标题栏附近，如图 3-17(a) 所示。

(3)当图样某个视图上构成封闭轮廓的各表面有相同的表面结构要求时，可采用图 3-17(b) 所示的注法。

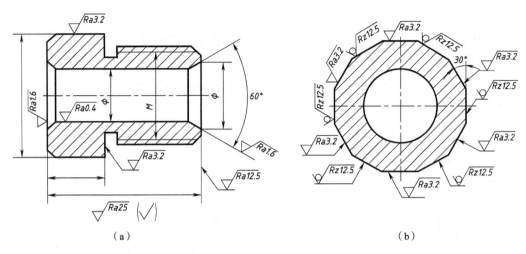

图 3-15　表面结构要求的基本注法

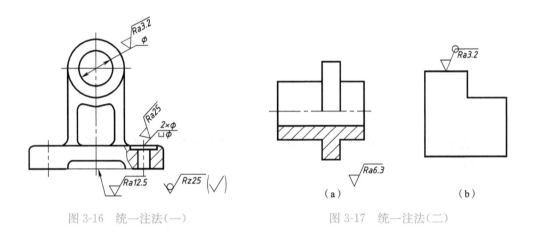

图 3-16　统一注法(一)　　　　　图 3-17　统一注法(二)

3. 简化代号注法

　　为了简化标注方法，或者标注位置受到限制时，可以标注简化代号，如图 3-18(a)所示，也可以采用省略的注法，如图 3-18(b)所示，但应在标题栏附近说明这些简化符号、代号的含义。

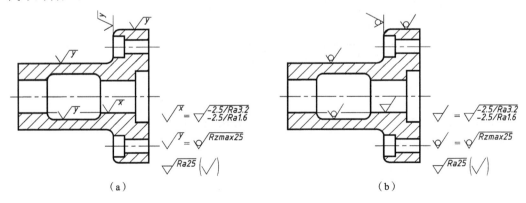

图 3-18　简化代号标注

4. 连续表面及重复要素注法

　　零件上连续表面、重复要素（如孔、槽、齿等）的表面及用细实线连接的不连续的同一表面，其表面结构代号只标注一次，如图 3-19(a)(b)和图 3-16 所示。

　　同一表面上有不同的表面结构要求时，须用细实线画出分界线，并注出相应的表面结构代号和尺寸，如图 3-19(c)所示。

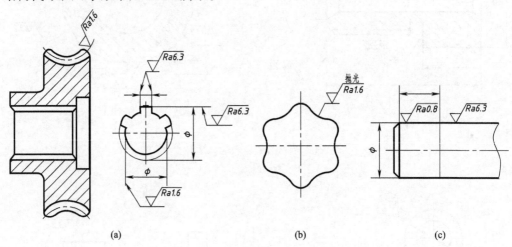

图 3-19　连续表面及重复要素注法

5. 特殊结构要素注法

　　中心孔的工作表面，键槽工作面，倒角、圆角的表面结构代号，可以简化标注，如图 3-20 所示。

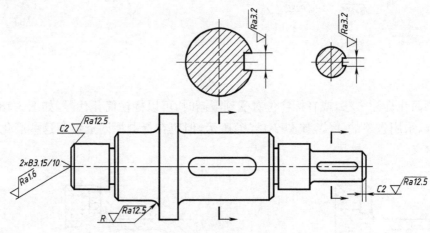

图 3-20　特殊结构注法

　　齿轮、渐开线花键、螺纹等的工作表面没有画出齿（牙）型时，其表面结构代号可按图 3-21 所示的方式标注。

二、极限与配合

(一)零件的互换性

在按同一图样制造出的一批零件中任取一件，不经修配就能装配使用，并达到预期的性能要求,零件所具有的这种性质称为互换性。零件具有互换性,使得工业生产可以广泛地组织分工协作,进行高效率的专业化生产,从而缩短生产周期、保证稳定的产品质量。

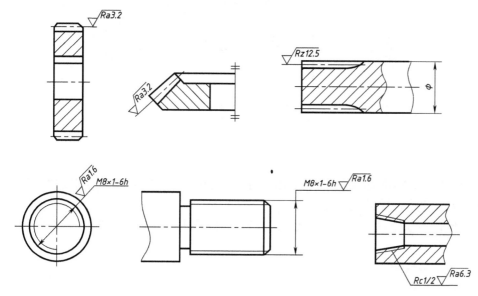

图 3-21　特殊要素注法

零件的互换性主要由零件的尺寸、形状、位置以及表面质量等方面的精确度决定。就尺寸而言,互换性要求尺寸的一致性,但在加工过程中受机床、刀具、测量等因素的影响,零件的尺寸不可能做到绝对准确。为了保证零件的互换性,必须将误差限制在一定的范围内,根据不同的使用要求并兼顾制造上的经济性,规定出尺寸允许的最大变动量。

(二)公差的基本概念

公差相关术语的表示如图 3-22 所示。各术语的含义如下:

(1)尺寸要素。由一定大小的线性尺寸或角度尺寸确定的几何形状。

(2)公称尺寸。由图样规范确定的理想形状要素的尺寸。通过它应用上、下极限偏差可计算出极限尺寸,公称尺寸由设计时给定。

(3)实际(组成)要素。由接近实际(组成)要素所限定的工件实际表面的组成要素部分。

(4)提取组成要素。按规定方法,由实际(组成)要素提取有限数目的点所形成的实际(组成)要素的近似替代。

(5)提取组成要素的局部尺寸。一切提取组成要素上两对应点之间距离的统称。

(6)极限尺寸。尺寸要素允许的尺寸的两个极端。分为上极限尺寸和下极限尺寸,提取组成要素的局部尺寸应位于其中,也可达到极限尺寸。

上极限尺寸指尺寸要素允许的最大尺寸;下极限尺寸指尺寸要素允许的最小尺寸。

(7)极限偏差。极限尺寸减其公称尺寸所得的代数差。上极限尺寸减其公称尺寸所得的代数差为上极限偏差;下极限尺寸减其公称尺寸所得的代数差为下极限偏差。轴的上、下极限偏差用小写字母 es、ei 表示,孔的上、下极限偏差用大写字母 ES、EI 表示。

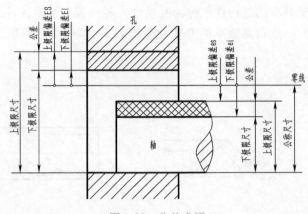

图 3-22　公差术语

(8)尺寸公差(简称公差)。上极限尺寸减下极限尺寸之差,或上极限偏差减下极限偏差之差。它是尺寸的允许变动量。

例如,一孔径的公称尺寸为 $\phi20$,若上极限尺寸为 $\phi20.01$,下极限尺寸为 $\phi19.99$,则:

上极限偏差＝20.01－20＝＋0.01

下极限偏差＝19.99－20＝－0.01

公差＝20.01－19.99＝0.01－(－0.01)＝0.02

上极限偏差和下极限偏差为代数值,可为正、负或零,但上极限偏差必大于下极限偏差,因此公差必为正值。

在图中标注极限偏差时,采用小一号字体,上极限偏差注在公称尺寸右上方,下极限偏差应与公称尺寸注在同一底线上。上、下极限偏差的小数点必须对齐,小数点后的有效数字位数也必须相等。当某一偏差为零时,数字"0"应与另一偏差的小数点前的个位数对齐。例如:

$\phi\,20^{+0.006}_{-0.015}$　　　　$\phi\,20^{+0.021}_{0}$　　　　$\phi\,20^{+0.028}_{0.007}$　　　　$\phi\,20^{-0.007}_{-0.028}$

当上、下极限偏差绝对值相等符号相反时,以"公称尺寸±极限偏差绝对值"的形式标注,如 $\phi20\pm0.01$。

(9)公差带。为了简化起见,在实用中常不画出孔和轴,而只画出放大的表示公称尺寸的零线和上、下极限偏差,称为公差带图。在公差带图中,由代表上、下极限偏差的两条直线所限定的区域称为公差带,如图 3-23 所示。

(三)极限制

经标准化的公差和偏差制度称为极限制。在极限制中,国家标准规定了标准公差和基本偏差来分别确定公差带的大小和相对零线的位置。

1. 标准公差

在标准极限与配合制中,所规定的任一公差称为标准公差。国家标准规定的标准公差分为 20 个等级,表示为 IT01、IT0、IT1~IT18。"IT"表示标准公差,其中 IT01 公差值最小,尺寸精度最高,从 IT01 到 IT18 精度依次降低。

公差值大小还与尺寸大小有关,同一公差等级下,尺寸越大,公差值越大。表 3-4 为摘自 GB/T 1800.2—2009 的标准公差数值,从中可查出某一尺寸、某一公差等级下的标准公差值。如公称尺寸为 20、公差等级为 IT7 的公差值为 0.021 mm。

表 3-4　标准公差数值(摘自 GB/T 1800.2—2009)

公称尺寸 mm		标 准 公 差 等 级																	
		IT1	IT2	IT3	IT4	IT5	IT6	IT7	IT8	IT9	IT10	IT11	IT12	IT13	IT14	IT15	IT16	IT17	IT18
大于	至	μm											mm						
—	3	0.8	1.2	2	3	4	6	10	14	25	40	60	0.1	0.14	0.25	0.4	0.6	1	1.4
3	6	1	1.5	2.5	4	5	8	12	18	30	48	75	0.12	0.18	0.3	0.48	0.75	1.2	1.8
6	10	1	1.5	2.5	4	6	9	15	22	36	58	90	0.15	0.22	0.36	0.58	0.9	1.5	2.2
10	18	1.2	2	3	5	8	11	18	27	43	70	110	0.18	0.27	0.43	0.7	1.1	1.8	2.7
18	30	1.5	2.5	4	6	9	13	21	33	52	84	130	0.21	0.33	0.52	0.84	1.3	2.1	3.3
30	50	1.5	2.5	4	7	11	16	25	39	62	100	160	0.25	0.39	0.62	1	1.6	2.5	3.9
50	80	2	3	5	8	13	19	30	46	74	120	190	0.3	0.46	0.74	1.2	1.9	3	4.6
80	120	2.5	4	6	10	15	22	35	54	87	140	220	0.35	0.54	0.87	1.4	2.2	3.5	5.4
120	180	3.5	5	8	12	18	25	40	63	100	160	250	0.4	0.63	1	1.6	2.5	4	6.3
180	250	4.5	7	10	14	20	29	46	72	115	185	290	0.46	0.72	1.15	1.85	2.9	4.6	7.2
250	315	6	8	12	16	23	32	52	81	130	210	320	0.52	0.81	1.3	2.1	3.2	5.2	8.1
315	400	7	9	13	18	25	36	57	89	140	230	360	0.57	0.89	1.4	2.3	3.6	5.7	8.9
400	500	8	10	15	20	27	40	63	97	155	250	400	0.63	0.97	1.55	2.5	4	6.3	9.7
500	630	9	11	16	22	32	44	70	110	175	280	440	0.7	1.1	1.75	2.8	4.4	7	11
630	800	10	13	18	25	36	50	80	125	200	320	500	0.8	1.25	2	3.2	5	8	12.5
800	1000	11	15	21	28	40	56	90	140	230	360	560	0.9	1.4	2.3	3.6	5.6	9	14
1000	1250	13	18	24	33	47	66	105	165	260	420	660	1.05	1.65	2.6	4.2	6.6	10.5	16.5
1250	1600	15	21	29	39	55	78	125	195	310	500	780	1.25	1.95	3.1	5	7.8	12.5	19.5
1600	2000	18	25	35	46	65	92	150	230	370	600	920	1.5	2.3	3.7	6	9.2	15	23
2000	2500	22	30	41	55	78	110	175	280	440	700	1100	1.75	2.8	4.4	7	11	17.5	28
2500	3150	26	36	50	68	96	135	210	330	540	860	1350	2.1	3.3	5.4	8.6	13.5	21	33

注:①公称尺寸大于 500 mm 的 IT1～IT5 的标准公差数值为试行。

②公称尺寸小于或等于 1 mm 时,无 IT14～IT18。

2. 基本偏差

确定公差带相对零线位置的那个极限偏差称为基本偏差,一般为靠近零线的那个极限偏差。当公差带位于零线上方时,基本偏差为下极限偏差;当公差带位于零线下方时,基本偏差为上极限偏差。

国家标准对孔和轴分别规定了 28 种基本偏差,用拉丁字母表示,大写字母表示孔,小写字母表示轴,构成基本偏差系列。图 3-24 所示为基本偏差系列示意图,图中各公差带只表示了公差带位置即基本偏差,另一端开口,具体数值由相应的标准公差确定。

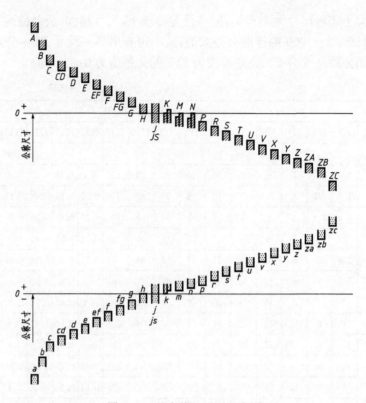

图 3-24　基本偏差系列示意图

3. 公差带代号及极限偏差的确定

公差带代号由其基本偏差代号（字母）和标准公差等级（数字）组成，如 H8、f7。由公称尺寸和公差带代号可查表确定其基本偏差和标准公差，而基本偏差即为极限偏差中的上极限偏差或下极限偏差，另一极限偏差则可由基本偏差和标准公差计算得出。

若基本偏差为下极限偏差（EI 或 ei），则上极限偏差（ES 或 es）＝下极限偏差（EI 或 ei）＋标准公差 IT；若基本偏差为上极限偏差（ES 或 es），则下极限偏差（EI 或 ei）＝上极限偏差（ES 或 es）－标准公差 IT。

例如：ϕ20H8，H 为基本偏差代号，所限定基本偏差（下极限偏差）为 0，查得公差 IT＝0.033，则：

下极限偏差 EI＝0

上极限偏差 ES＝EI＋IT＝0＋0.033＝＋0.033

又如 ϕ20f7，f 为基本偏差代号，所限定基本偏差（上极限偏差）为－0.020，公差IT＝0.021，则：

上极限偏差 es＝－0.020

下极限偏差 ei＝es－IT＝－0.020－0.021＝－0.041

(四)配合

1. 配合及其种类

公称尺寸相同的并且相互结合的孔和轴公差带之间的关系称为配合。这里所说的

"孔"和"轴",通常指工件的圆形内外尺寸要素,也包括非圆形内外尺寸要素(由二平行平面或切面形成的包容面、被包容面),如键槽和键。

孔的尺寸减去相配合的轴的尺寸之差,为正称为间隙,为负称为过盈,如图 3-25所示。

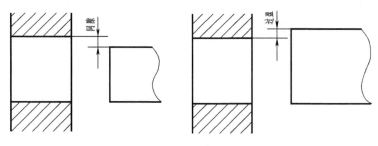

图 3-25　间隙和过盈

根据不同的使用要求,配合有松有紧。有的具有间隙,有的具有过盈,因此有以下几种不同的配合。

(1)间隙配合。具有间隙(包括最小间隙等于零)的配合。间隙配合中孔的下极限尺寸大于或等于轴的上极限尺寸,孔的公差带位于轴的公差带之上,如图 3-26(a)所示。

(2)过盈配合。具有过盈(包括最小过盈等于零)的配合。过盈配合中孔的上极限尺寸小于或等于轴的下极限尺寸,孔的公差带位于轴的公差带之下,如图 3-26(b)所示。

(3)过渡配合。可能具有间隙或过盈的配合。过渡配合中孔的公差带与轴的公差带相互交叠,如图 3-26(c)所示。

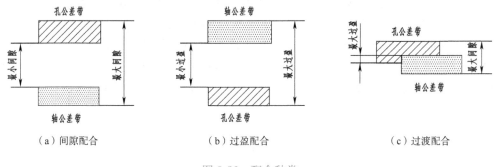

（a）间隙配合　　　　　（b）过盈配合　　　　　（c）过渡配合

图 3-26　配合种类

综合上述三种配合可以得出:配合的种类取决于孔、轴公差带的相对位置。

2. 配合制

配合制即同一极限制的孔和轴组成配合的一种制度。

孔和轴组成配合时,如果二者的公差带都可任意变动,各种排列组合的情况变化极多,这样不利于零件的设计与制造。因此,国家标准规定了两种不同基准制度的配合制。

(1)基孔制配合。基本偏差为一定的孔的公差带,与不同基本偏差的轴的公差带形成各种配合的一种制度。基孔制中选择基本偏差代号为 H,即下极限偏差为 0 的孔为基准孔,如图 3-27(a)所示。

　　(2)基轴制配合。基本偏差为一定的轴的公差带,与不同基本偏差的孔的公差带形成各种配合的一种制度。基轴制中选择基本偏差为代号 h,即上极限偏差为 0 的轴为基准轴,如图 3-27(b)所示。

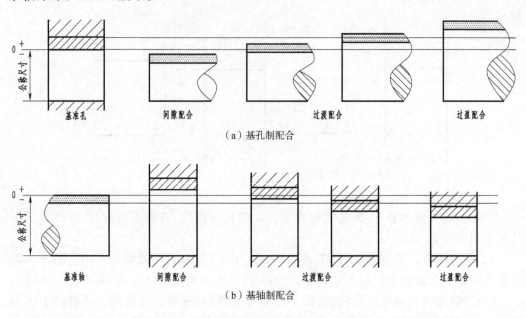

（a）基孔制配合

（b）基轴制配合

图 3-27　配合基准制

　　结合图 3-24 的基本偏差示意图可以看出:在基孔制配合中,轴的基本偏差在 a~h 之间时为间隙配合;在 js~zc 之间时为过渡配合或过盈配合。在基轴制配合中,孔的基本偏差在 A~H 之间时为间隙配合;在 JS~ZC 之间时为过渡配合或过盈配合。

　　配合基准制的选择主要考虑加工的经济性和结构的合理性。由于加工孔比轴困难,故应优先选择基孔制配合,这样可以减少加工孔时所用刀具、量具的规格数量,既方便加工,又比较经济。当等直径轴的不同部位装有不同配合要求的几个零件时,采用基轴制就较为合理。

(五)极限与配合的标注与识读

　　装配图中应标注配合代号。配合代号用分数形式表示,分子为孔的公差带代号,分母为轴的公差带代号。标注时,将配合代号注在公称尺寸之后,如:$\phi20\,\dfrac{H8}{f7}$、$\phi20\,\dfrac{H7}{s6}$、$\phi20\,\dfrac{K7}{h6}$ 或分别写作 $\phi20H8/f7$、$\phi20H7/s6$、$\phi20K7/h6$,标注形式如图 3-28(a)(b)所示。

　　如果配合代号中孔的基本偏差代号为 H,说明孔为基准孔,则为基孔制配合;如果配合代号中轴的基本偏差代号为 h,说明轴为基准轴,则为基轴制配合。如上例中 $\phi20H8/f7$ 为基孔制间隙配合,$\phi20H7/s6$ 为基孔制过盈配合,$\phi20K7/h6$ 为基轴制过渡配合(参见表 3-5)。

　　非标准件与标准件形成配合时,应按标准件确定配合制。例如与滚动轴承配合的轴应采用基孔制,而与滚动轴承外圈配合的孔则应采用基轴制,在装配图中只注写非标准件的公差代号,如图 3-28(c)所示。

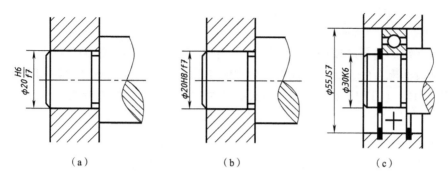

图 3-28 配合代号在装配图中的标注

表 3-5 配合代号识读示例

配合代号	极限偏差		公差带图解	解 释
	孔	轴		
$\phi20H8/f7$	$\phi\,20^{+0.033}_{\ 0}$	$\phi\,20^{-0.020}_{-0.041}$		基孔制间隙配合 最小间隙:$0-(-0.020)=+0.020$ 最大间隙:$0.033-(-0.041)=+0.074$
$\phi20H7/s6$	$\phi\,20^{+0.021}_{\ 0}$	$\phi\,20^{+0.048}_{+0.035}$		基孔制过盈配合 最小过盈:$0.021-0.035=-0.014$ 最大过盈:$0-0.048=-0.048$
$\phi20K7/h6$	$\phi\,20^{+0.006}_{-0.015}$	$\phi\,20^{\ \ 0}_{-0.013}$		基轴制过渡配合 最大间隙:$0.006-(-0.013)=+0.019$ 最大过盈:$-0.015-0=-0.015$

尺寸公差在零件图中的标注如图 3-29 所示。

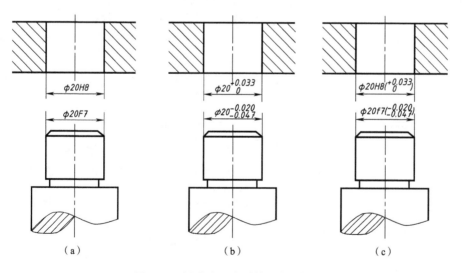

图 3-29 尺寸公差在零件图中的标注

(六)公差等级与配合种类的选择

1. 公差等级的选择

公差等级的选择既要满足产品的使用要求,又要考虑加工的经济性。一般机械的配合尺寸及非配合的重要尺寸根据重要程度在 IT5～IT11 之间选择,其中 IT6～IT9 最为常用,IT12～IT18 则用于非配合的次要尺寸。优先选择的公差等级见表 3-6。

表 3-6　优先选择的公差等级

公差等级	应　用
IT9	为基本公差等级。用于机构中的一般连接或配合;配合要求有高度互换性,装配为中等精度
IT6 IT7 IT8	用于机构中的重要连接或配合;配合要求有高度均匀性;装配要求精确,使用要求可靠
IT11	用于对配合要求不高的机构

2. 配合种类的选择

对于工作时有相对运动,或无相对运动但要求装拆方便的孔和轴应选用间隙配合;对于主要靠过盈保证相对静止或传递负荷的孔和轴,应选用过盈配合;而对于既要求对中性好,又要求装拆方便的孔和轴,应选用过渡配合。优先选择的配合种类如表 3-7 所示。

表 3-7　优先选择的配合

优先配合		装配方法	配合特性及应用
基孔制	基轴制		
H11/c11	C11/h11	手轻推进	间隙非常大的配合。用于装配方便的、很松的、转动很慢的配合;要求大公差与大间隙的外漏组件
H9/d9	D9/h9		间隙很大的自由转动配合。用于精度非主要要求,或温度变动大、高速或大轴颈压力时
H8/f7	F8/h7	手推滑进	间隙不大的转动配合。用于速度及轴颈压力均为中等的精确转动;也用于中等精度的定位配合
H7/g6	G7/h6	手旋进	间隙很小的转动配合。用于要求自由转动、精密定位时
H7/h6 H8/h7 H9/h9 H11/h11		加油后用手旋进	间隙定位配合,最小间隙为 0。零件可以自由装拆,而工作时一般相对静止不动
H7/k6	K7/h6	手锤轻轻打入	过渡配合。用于精密定位
H7/n6	N7/h6		过渡配合。允许有较大过盈的更精密定位
H7/p6	P7/h6	压力机压入	过盈定位配合,即小过盈配合。用于定位精度特别重要时,能以最好的定位精度达到部件的刚性及对中性要求,而对内孔承受压力无特殊要求,不依靠配合的紧固传递摩擦载荷
H7/s6	S7/h6	压力机压入或温差法	中等压入配合。用于一般钢件或薄壁件的冷缩配合。用于铸铁可得到最紧的配合
H7/u6	U7/h6	温差法	压入配合。用于可以受高压力的零件,或不宜承受大压力的冷缩配合

三、几何公差

零件的实际尺寸有误差存在,为了满足使用要求,由尺寸公差对误差加以限制。同样,零件上几何要素(点、线或面)的形状及相互间的方向、位置和跳动,不可能、也没有必要制造得绝对准确,允许有误差存在,从功能要求出发,误差范围则由形状、方向、位置和跳动公差(统称几何公差)加以限制。

(一)基本概念

1. 要素

指工件上的特定部位,如点、线或面。这些要素可以是组成要素(如圆柱体的外表面),也可以是导出要素(如中心线或中心面)。

(1)被测要素。给出了几何公差的要素。

(2)基准要素。用来确定被测要素的方向、位置或跳动的要素。

(3)单一要素。仅对本身给出形状公差的要素。

(4)关联要素。对其他要素有功能关系的要素。

2. 形状公差

指单一要素的形状所允许的变动全量。

3. 方向公差

关联实际要素对基准在方向上允许的变动全量。

4. 位置公差

关联实际要素对基准在位置上允许的变动全量。

5. 跳动公差

关联实际要素绕基准回转一周或连续回转时所允许的最大跳动量。

国家标准规定的几何公差的几何特征符号如表 3-8 所示。

表 3-8 几何特征符号及公差带

公差类型	几何特征	符 号	基 准	公 差 带
形状公差	直线度	——	无	两平行直线;两平行平面;圆柱面
	平面度	▱	无	两平行平面
	圆度	○	无	两同心圆
	圆柱度	⌀	无	两同轴圆柱面
	线轮廓度	⌒	无	两包络线(等距曲线)
	面轮廓度	⌓	无	两包络面(等距曲面)
方向公差	平行度	//	有	两平行平面;圆柱面
	垂直度	⊥	有	两平行平面;圆柱面
	倾斜度	∠	有	两平行平面;圆柱面
	线轮廓度	⌒	有	两包络线(等距曲线)
	面轮廓度	⌓	有	两包络面(等距曲面)

公差类型	几何特征	符 号	基 准	公 差 带
位置公差	位置度	⊕	有或无	圆;球;两平行直线;两平行平面;圆柱面
	同心度 (用于中心点)	◎	有	圆
	同轴度 (用于轴线)	◎	有	圆柱面
	对称度	=	有	两平行平面
	线轮廓度	⌒	有	两包络线(等距曲线)
	面轮廓度	⌓	有	两包络面(等距曲面)
跳动公差	圆跳动	↗	有	两同心圆
	全跳动	↗↗	有	两同轴圆柱面;两平行平面

6. 公差带

几何公差的公差带指限制实际要素变动的区域,其大小由公差值确定。几何公差的公差带必须包含实际的被测要素。

根据被测要素的特征和结构尺寸,公差带有平面区域和空间区域两类。属于平面区域的公差带形式有:圆内的区域;两同心圆之间的区域;两等距曲线之间的区域;两平行直线之间的区域。属于空间区域的公差带形式有:圆柱面内的区域;两等距曲面之间的区域;两平行平面之间的区域;两同轴圆柱面之间的区域;球内的区域。

(二)几何公差的标注方法

图样中,几何公差采用代号标注。无法采用代号标注时,允许在技术要求中用文字说明。几何公差代号包括:公差项目符号、框格及指引线、公差数值和基准字母。

1. 公差框格

公差框格是一个用细实线绘制,由两格或多格横向连成的矩形方框。公差框格画法及其准代号如图 3-30 所示。框内各格的填写内容自左向右如下:

第一格——公差项目符号(见表 3-8)。

(a) 几何公差代号   (b) 基准代号

图 3-30 几何公差代号和基准代号(图中 h 为字高)

第二格——公差数值。如公差带为圆形或圆柱形的则在公差数值前加注"ϕ",如是球形的则加注"$S\phi$"。

第三格及以后各格——表示基准的字母。单一基准要素用大写字母表示;由两个要素组成的公共基准,用由横线隔开的两个大写字母表示,如

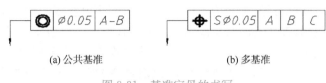

(a) 公共基准　　　　　　　　　(b) 多基准

图 3-31　基准字母的书写

图 3-31(a)所示;由两个或三个要素组成的基准体系,如多基准组合,表示基准的大写字母应按基准的优先次序从左至右分别置于各格中,如图 3-31(b)所示。为不致引起误解,字母 E、F、I、J、L、M、O、P、R 不用来表示基准。

被测要素的注写方法如下:

(1)当被测要素为组成要素(轮廓线或轮廓面)时,指引线箭头应指在该要素的轮廓线或其延长线上,并明显地与尺寸线错开,如图 3-32(a)(b)所示。

(2)当被测要素为导出要素,如中心线、中心面或中心点时,指引线箭头应位于相应尺寸线的延长线上,如图 3-32(c)(d)所示。

(3)当被测要素为实际表面时,箭头可置于带点的参考线上,该点指在实际表面上,如图 3-32(e)所示。

(4)当同一被测要素有多项几何公差要求时,可用一个指引箭头连接几个公差框格,如图 3-32(f)所示;当多个被测要素具有相同几何公差要求时,可以从同一几何公差框格上引出多个指引箭头,如图 3-32(g)所示。

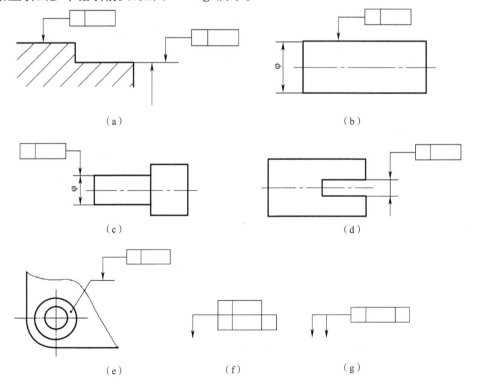

(a)　　　　　　　　　　　　　(b)

(c)　　　　　　　　　　　　　(d)

(e)　　　　　　(f)　　　　　　(g)

图 3-32　被测要素的标注

2. 基准要素的标注

方向、位置和跳动公差必须指明基准要素,基准要素通过基准代号标注。基准代号由基准符号、细实线方框、连线及大写字母组成。涂黑的和空白的基准三角形符号含义相同,连线方向与基准垂直。基准代号的字母应水平注写,并与相应的几何公差框格内表示基准的字母相呼应。按基准要素不同,有下列注法。

(1)当基准要素为组成要素时,基准符号应放置在该要素的轮廓线或其延长线上,并明显地与尺寸线错开,如图 3-33(a)所示。

(2)当基准要素为实际表面时,基准符号可置于带点的参考线上,该点指在实际表面上,如图 3-33(b)所示。

(3)当基准要素为导出要素,如轴线、中心平面或中心点时,基准符号应放置在相应尺寸线的延长线上(如果与尺寸线上的箭头重合,箭头可省略),如图 3-33(c)(d)(e)所示。

(4)必要时,允许将基准代号标注在基准要素尺寸引出线的下方。如图 3-33(f)(g)所示。

(5)任选基准的标注方法如图 3-33(h)所示。

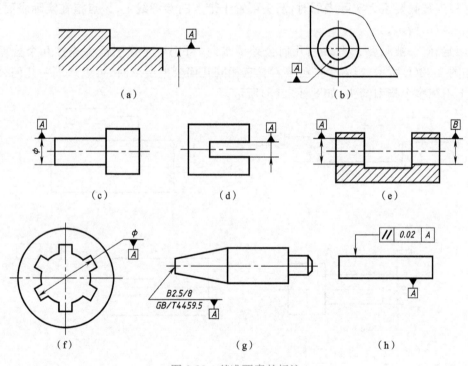

图 3-33　基准要素的标注

图 3-34 所示为气门阀杆零件图上标注几何公差的实例,图中三处标注的几何公差分别表示:

(1)杆身 $\phi16f7$ 圆柱面的圆柱度公差为 0.005 mm。

(2)SR750 球面对 $\phi16f7$ 轴线的圆跳动公差为 0.03 mm。

(3)M8×1-6H 螺孔(中径圆柱)中心线对 $\phi16f7$ 轴线的同轴度公差为 $\phi0.1$ mm。

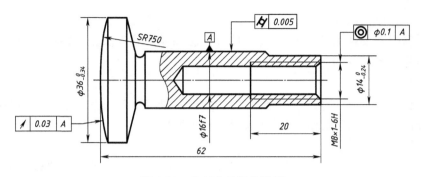

图 3-34　几何公差标注示例

四、材料、热处理及表面处理

零件的材料种类应填写在零件图的标题栏中。

热处理是对金属零件按一定要求进行加热、保温及冷却,从而改变金属的内部组织,提高材料机械性能的工艺,如淬火、退火、回火、正火、调质等。表面处理是为了改善零件表面材料性能,提高零件表面硬度、耐磨性、抗蚀性等而采用的加工工艺,如渗碳、表面淬火、表面涂层等。对零件的热处理及表面处理的方法和要求一般注写在技术要求中,局部热处理和表面处理也可在图上标注,如图 3-35 所示。

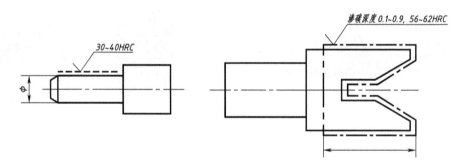

图 3-35　局部热处理、表面处理标注示例

知识储备 3.4　读零件图

一、读零件图的方法和步骤

(一)概括了解

读图时首先从标题栏了解零件的名称、材料、画图比例等,并粗看视图,大致了解该零件的结构特点和大小。

(二)分析表达方案,搞清视图间的关系

要看懂一组视图中选用了几个视图,哪个是主视图,哪些是基本视图。对于局部视图、斜视图、断面图及局部放大图等非基本视图,要根据其标注找出它们的表达部位和投射方向。对于剖视图要搞清楚其剖切位置、剖切面形式和剖开后的投射方向。

(三)分析零件结构,想象整体形状

在看懂视图关系的基础上,运用形体分析法和线面分析法分析零件的结构形状,并注意分析零件各部分的功用。

(四)分析尺寸

先分析零件长、宽、高三个方向上的尺寸基准,搞清哪些是主要基准和功能尺寸,然后从基准出发,找出各组成部分的定位尺寸和定形尺寸。

(五)分析技术要求

对零件图上标注的表面结构要求、尺寸公差、几何公差、热处理等要逐项识读,明确主要加工面,以便确定合理的加工方法。

(六)综合归纳

在以上分析的基础上,对零件的形状、大小和技术要求进行综合归纳,形成一个清晰的认识。有条件时还应参考有关资料和图样,如产品说明书、装配图和相关零件图等,以对零件的作用、工作情况及加工工艺做进一步了解。

二、典型零件读图举例

由于零件作用的不同,导致了零件结构形状上的多样性。按结构形状上的差异,一般可将常见零件分为四大类:轴套类、轮盘类、叉架类、壳体类,如图 3-36 所示。

（a）轴套类零件   （b）轮盘类零件

（c）叉架类零件   （d）壳体类零件

图 3-36   常见零件种类

(一)轴套类零件

轴套类零件主要在车床和磨床上加工,选择主视图时,一般将其轴线放成水平位置,并将先加工的一端放在右边。

轴类零件的主要结构是回转体,其工作部分、安装部分以及连接部分均为直径不同的圆柱或圆锥体。因此,结合尺寸标注,一般只用一个基本视图(主视图)即能表示出其

主要结构形状。而常用断面图、局部视图及局部放大图等表示轴上孔、槽等局部结构。空心轴套因存在内部结构,其主视图常采用全剖视图或半剖视图。

图 3-37 所示为图 3-4 中减速器传动轴的零件图。该轴主要由五段直径不同的圆柱体组成(称为阶梯轴),画出主视图,并结合所注的直径尺寸,就反映了其基本形状。但轴上键槽、螺孔等局部结构尚未表达清楚,因而在主视图基础上采用了两个移出断面图表达键槽的深度及螺孔。

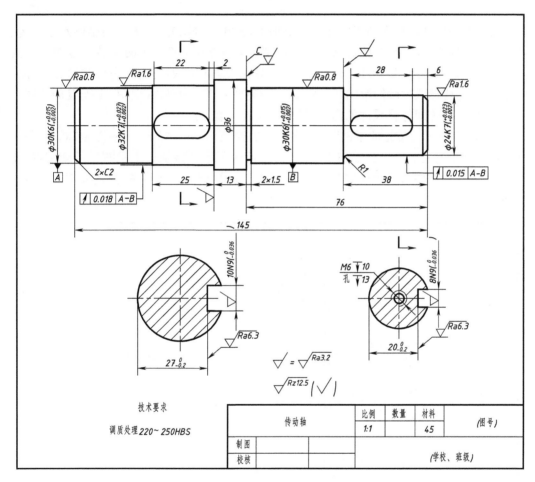

图 3-37　轴的零件图

轴的两端有倒角,以方便安装轴承和带轮。右侧 ϕ30k6 轴肩处有砂轮越程槽,以方便磨削加工并保证轴承的准确定位;左侧 ϕ30k6 轴段中,轴承依靠套筒实现轴向定位,并不与轴肩直接接触,故没有设砂轮越程槽。ϕ24k7 轴肩处有圆角,用以改善受力状况。轴的右端中心处有螺孔,和螺栓、端盖一起用于带轮的轴向紧固。

如前所述,轴肩 C 为装配定位面,是轴向主要基准,由此注出参与装配尺寸链的尺寸 13。右端面为轴向辅助基准,由此注出尺寸 38,两个基准通过尺寸 76 联系起来。ϕ36k7 轴段的长度与所安装齿轮的宽度有协调关系,故直接注出尺寸 25。径向尺寸基准为轴线,与轴承、齿轮和带轮有配合关系的四个轴段的直径尺寸,根据配合要求加注公差。键槽的宽度、深度及公差根据键连接结构查表确定。

　　$\phi30k6$、$\phi32k7$、$\phi24k7$ 圆柱面与轴承、齿轮、带轮内孔配合，属重要配合面，Ra 上限值分别为 $0.8\ \mu m$ 和 $1.6\ \mu m$。$\phi36$ 两侧轴肩和 $\phi24k7$ 轴肩分别为齿轮、轴承及带轮的定位面，Ra 上限值为 $3.2\ \mu m$。键槽侧面为配合工作面，Ra 上限值为 $3.2\ \mu m$，底面为一般结合面，Ra 上限值为 $6.3\ \mu m$。轴上其余表面不与其他零件接触，属于自由表面，Ra 上限值为 $12.5\ \mu m$。另外，为保证传动轴工作平稳，减少因偏心等引起的震动，图中标注了齿轮和带轮安装圆柱面的径向圆跳动公差。

(二)轮盘类零件

　　轮、盘类零件有较多的工序在车床上加工，选择主视图时，一般多将轴线水平放置。轮、盘类零件通常由轮辐、幅板、轴孔、键槽等结构组成，一般采用两个基本视图表达其主要结构形状，再选用剖视图、断面图、局部视图及斜视图等表达其内部结构和局部结构。对于结构形状比较简单的轮、盘类零件，有时只需一个基本视图，再配以局部视图或局部放大图等即能将零件的内、外结构形状表达清楚。

　　图 3-38 所示为带轮的零件图，安装于图 3-37 所示轴的右端。主视图按轴线水平画出，符合带轮的主要加工位置和工作位置，也反映了形状特征。主视图采用全剖视，基本上把带轮的结构形状表达完整了，只有轴孔上的键槽未表达清楚，故用局部视图表达键槽的形状。

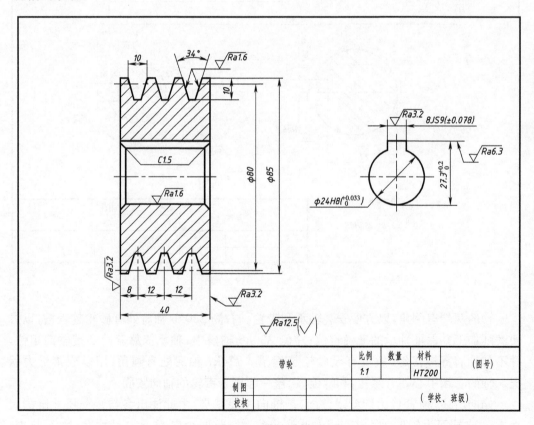

图 3-38　带轮零件图

　　带轮的左端面(或右端面)为安装定位面，是长度方向的主要基准，径向尺寸基准为轴线。$\phi24H8$ 轴孔与传动轴 $\phi24k7$ 圆柱面形成过渡配合，带轮的宽度尺寸 40 比配合轴段的长度大 2,以正确实现带轮的轴向紧固。三角带槽和键槽的尺寸、公差通过查表获得。

轴孔(配合面)和三角带槽侧面(工作面)的表面结构要求最高,Ra 上限值为 1.6 μm;键槽侧面(工作面)和带轮两端面(定位面)的表面结构要求次之,Ra 上限值为 3.2 μm;其他次要表面的 Ra 上限值为 12.5 μm。

(三)叉架类零件

叉架类零件的形状一般较为复杂且不规则,毛坯多为铸、锻件,其加工工序较多,主要加工位置不明显,一般按工作位置选择主视图,使主要轴线水平或垂直放置。叉架类零件一般用两个以上的基本视图表示其主要结构形状,而用局部视图和斜视图等表达局部结构外形,也常选用局部剖视图、断面图等表达内部结构和断面形状。

图 3-39 所示为支架零件图。从标题栏可知,支架毛坯为铸件,材料为灰口铸铁 HT150。

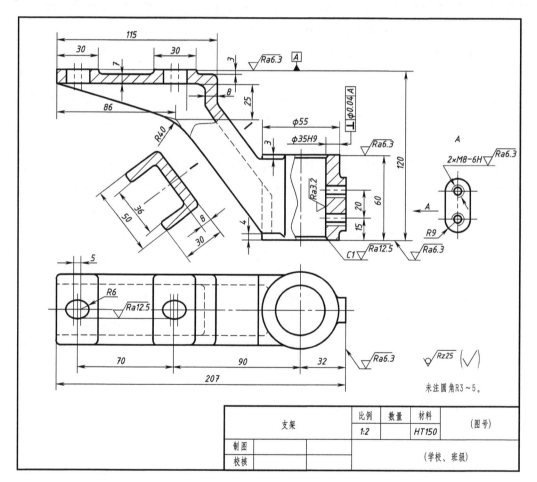

图 3-39 支架零件图

支架采用主、俯两个基本视图及一个局部视图、一个移出断面图表达。主视图按工作位置放置并体现支架的形状特征,图中上部的局部剖视表达托板孔的内部结构及板厚,下部的局部剖视表达圆柱内孔及两个螺纹孔的内部结构。俯视图主要表达支架的整体外形及两个长圆孔的分布情况。A 向局部视图表达凸台的端面形状及两个螺孔的分布情况。移出断面图表达 U 形板的断面形状。

从视图分析可知,支架的结构分为上、中、下三部分:上部为长方形托板,其上有两个凸台及长圆孔,用以实现和其他零件的连接,故上部为安装部分;下部为圆筒结构,其右侧有凸台及两个螺孔,用以支承并紧固其他回转类零件,故下部为工作部分;中部的 U 形板为连接部分,将工作部分和安装部分连成整体。

$\phi 35H9$ 圆柱面为重要配合面,其轴线为支架长度方向的主要基准,由此注出凸台定位尺寸 32、右长圆孔定位尺寸 90。两长圆孔的中心距为功能尺寸,应直接注出,故选取右长圆孔中心为长度方向辅助基准,注出左长圆孔的定位尺寸 70。托板凸台的上表面为重要结合面,应作为高度方向的主要基准,由此注出圆筒定位尺寸 120,考虑到加工及测量的方便,将圆筒下端面作为高度方向的辅助基准,由此注出下螺孔定位尺寸 15 及圆筒高度 60。由于支架为前后对称结构,故其前后对称面为宽度方向的尺寸基准。支架上非加工面的形状尺寸依据各自的形状特点注出。

$\phi 35H9$ 圆柱面(重要配合面)的表面结构要求最高,Ra 上限值为 3.2 μm,凸台上表面(重要结合面)及圆筒两端面的 Ra 上限值为 6.3 μm,长圆孔及倒角的 Ra 上限值为 12.5 μm。支架未注表面保持毛坯状态,铸造圆角为 R3~5。从功能要求出发,图中还注出了 $\phi 35H9$ 圆柱面中心线相对于上部安装面的垂直度公差。

(四)壳体类零件

壳体类零件如箱体、阀体、泵体、座体等结构较为复杂,毛坯多为铸件,箱体内外常有加强肋、凹坑、凸台、铸造圆角、起模斜度等结构。加工工序较多,加工位置多变,主视图的安放位置通常按工作位置确定。表达时所需视图数量较多,并且需采用各种剖视表达内形,也常选用一些局部视图、斜视图、断面图等表达其局部结构。

图 3-40 所示为蜗轮蜗杆减速器的箱体,从标题栏可知,箱体毛坯为铸件,材料为灰口铸铁 HT200。

主视图按工作位置放置,采用半剖视(形体左右对称)。剖视图侧表达箱体内腔及蜗杆轴孔、右端面螺纹孔的内部结构;视图侧表达箱体的外形及箱体前端面上六个螺孔的分布情况,采用局部剖视表达了箱体底面安装孔的内部结构。左视图采用全剖视,在进一步表达箱体内腔结构形状的同时,还表达了箱体后轴孔、上方注油螺孔、下方排油螺孔的内部结构,辅以重合断面图,表达了后部加强肋的结构形状。

除了用两个基本视图表达主体结构外,B 向局部视图表达底板、凹坑的外形及四个安装孔的分布情况。C 向局部视图表达左端筒体、R76 凹槽的形状及三个螺孔的分布情况。

从视图分析可知,该箱体主要由圆形壳体、圆筒体和底板座三部分组成。圆形壳体和圆筒体的轴线垂直交叉而形成内腔,用以容纳蜗轮和蜗杆。为保证蜗轮轴支承平稳,在圆形壳体的后面配以轴孔和加强肋板。底板座为长方形板块,用以支承和安装箱体,为减少加工面并保证安装面接触良好,底部开有长形凹坑。

由于箱体左右对称,故选用左右对称面作为长度方向尺寸的主要基准,由此注出安装孔左右定位尺寸 260、内腔凸台间距尺寸 170 和左右端面的距离尺寸 280。

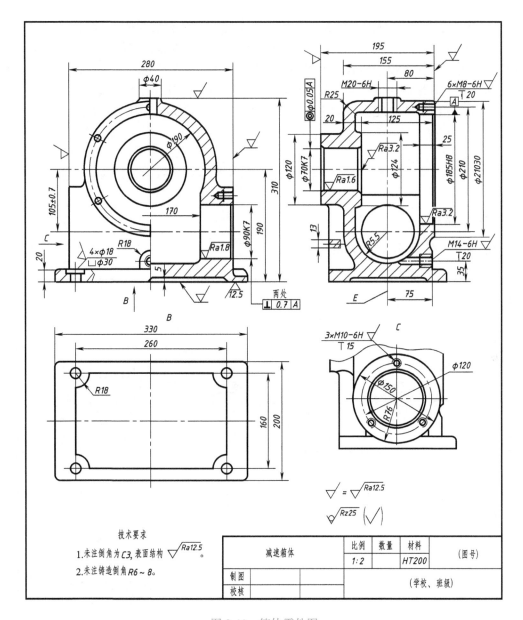

图 3-40 箱体零件图

　　根据蜗轮蜗杆的啮合特点,通过蜗杆轴线并与蜗轮轴线垂直的平面为基准平面,故应将图中的 *E* 平面作为宽度方向尺寸的主要基准,而圆形壳体前端面至内腔 $\phi124$ 凸台端面的距离 125 为参与装配尺寸链的功能尺寸,应直接注出,故选取圆形壳体前端面为宽度方向尺寸的辅助基准,两个基准通过尺寸 80 相联系。

　　由于箱体底面既是安装面又是各轴孔加工时的定位基准面,故应选取箱体底面为高度方向尺寸的主要基准,由此注出上轴孔的定位尺寸 190。选取上轴孔的轴线为高度方向尺寸的辅助基准,注出两垂直交叉轴孔的中心距 105 ± 0.07,这是一个重要的定位尺寸,它影响着蜗轮和蜗杆的啮合间隙。其他定形、定位尺寸请依据形体分析法自行分析。

ϕ90K7、ϕ70K7、ϕ185H8 轴孔均为重要配合面,其表面结构要求较高,Ra 上限值为 1.6 μm 及 3.2 μm。底面为安装面,前端面、后端面、顶面及圆筒左、右端面均为接触面,这些平面和底板安装孔及倒角的 Ra 上限值均为 12.5 μm。箱体未注表面保持毛坯状态,铸造圆角为 $R6\sim8$。从功能要求出发,图中还注出了支承蜗轮轴的后轴孔相对于前轴孔的同轴度公差,以及支承蜗杆的左、右轴孔相对于前轴孔的垂直度公差。

任务 3.1 轴的零件图绘制

任务描述

依据图 3-41 所示,绘制轴的零件图。

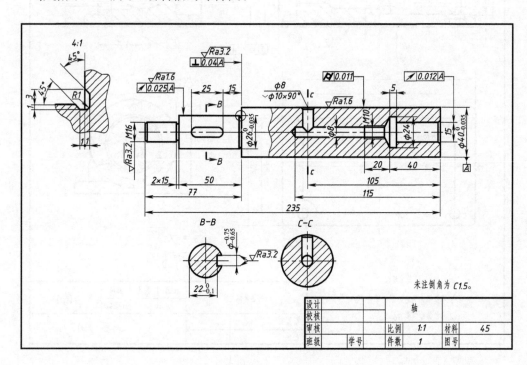

图 3-41 轴的零件图

任务实施

▶ 步骤 1 选择绘图比例,确定图幅,绘制中心线、图框和标题栏。

▶ 步骤 2 画轴的主要轮廓线,键槽结构和孔的采用移出断面图来表达,退刀槽采用局部放大图来表示,采用局部剖视图表达孔的结构。

▶ 步骤 3 检查描深,并对零件进行尺寸注写。

▶ 步骤 4 注写技术要求,填写标题栏,检查完成全图。

任务 3.2　端盖的零件图绘制

任务描述

依据图 3-42 所示，绘制端盖的零件图。

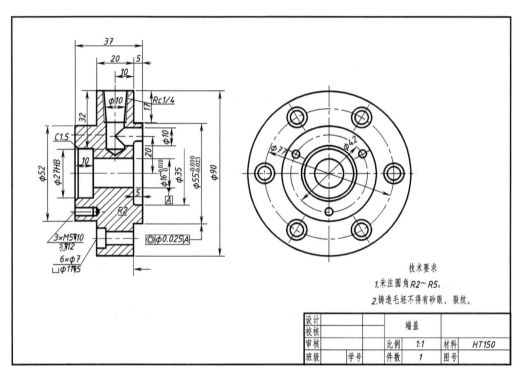

图 3-42　端盖的零件图

任务实施

▶ 步骤 1　根据端盖的形状、结构、尺寸、视图的数量选定合适的比例，定出图幅，确定图形的中心位置及绘制图框和标题栏。

▶ 步骤 2　用细实线画出端盖的主视图和左视图，包括外形轮廓，孔、槽等结构轮廓。

▶ 步骤 3　检查无误后，绘制剖面线，描深轮廓线，并对零件进行尺寸标注。

▶ 步骤 4　注写技术要求，填写标题栏，检查完成全图。

任务 3.3　拨叉的零件图绘制

任务描述

依据图 3-43 所示，绘制拨叉的零件图。

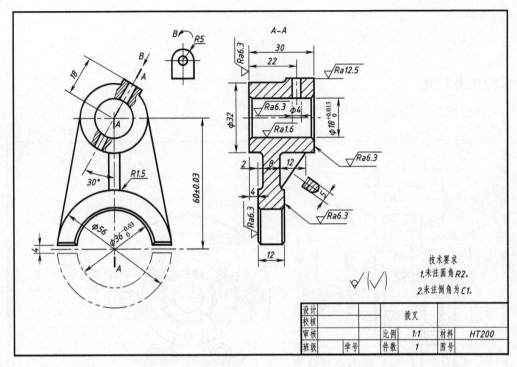

图 3-43　拨叉的零件图

任务实施

- 步骤 1　选择绘图比例，确定图幅，绘制中心线、图框和标题栏。
- 步骤 2　用细点画线绘制定位基准线。
- 步骤 3　用细实线绘制零件外轮廓线。
- 步骤 4　绘制剖视图。
- 步骤 5　检查无误后，描深轮廓线，并对零件进行尺寸注写。
- 步骤 6　注写技术要求，填写标题栏，检查完成全图。

思 考 题

1. 一张零件图包含哪些内容，分别都有什么作用？
2. 绘制零件图的步骤有哪些？

项目 ④ 标准件和常用件的绘制

在各种机械设备中,经常会用到螺栓、螺柱、螺母、垫圈、滚动轴承等零件,这些零件的结构和尺寸均已标准化,称为标准件。还有一些零件如齿轮、弹簧等,它们的部分结构和尺寸也统一制定了标准,称为常用件。本项目主要介绍这些标准件和常用件的规定画法、标记和有关标准数据的查阅方法。

知识储备 4.1　螺纹和螺纹紧固件

一、螺纹

螺纹是在圆柱或圆锥表面上,沿螺旋线形成的具有特定断面形状(如三角形、梯形、锯齿形等)的连续凸起和沟槽。加工在圆柱或圆锥外表面上的螺纹称为外螺纹;加工在圆柱或圆锥内表面上的螺纹称为内螺纹。内、外螺纹应成对使用。

螺纹的规定画法

(一)螺纹的形成

图 4-1 所示为在卧式车床上车削螺纹的情形,卡盘带动工件做匀角速转动,刀架带动刀具沿轴向做匀速直线运动,两个运动合成,形成刀具相对工件的螺旋运动。

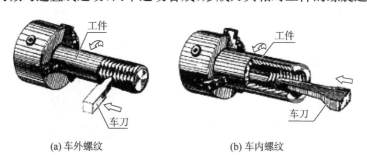

(a) 车外螺纹　　　　　　　　(b) 车内螺纹

图 4-1　车削螺纹

(二)螺纹的基本要素

螺纹的基本要素包括牙型、直径、旋向、线数、螺距和导程。

1. 牙型

过螺纹轴线作剖切,螺纹的断面轮廓形状称为牙型。牙型上向外凸起的尖顶称为牙顶,向里凹进的槽底称为牙底。标准螺纹的牙型有三角形、梯形和锯齿形等,参见表 4-2。

2. 直径

螺纹的直径包括大径、中径和小径,如图 4-2 所示。大径是指通过外螺纹牙顶或内螺纹牙底的假想圆柱面的直径(用 d 或 D 表示);小径是指通过外螺纹牙底或内螺纹牙顶的假想圆柱面的直径(用 d_1 或 D_1 表示);中径是指在大径和小径之间的一假想圆柱面的直径,该圆柱面母线通过牙型上沟槽和凸起宽度相等的地方。

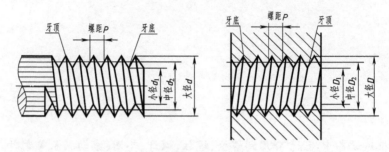

图 4-2　螺纹的结构名称及基本要素

3. 线数(n)

在零件的同一部位,形成螺纹的螺旋线条数称为线数。螺纹有单线和多线之分,沿一条螺旋线形成的螺纹为单线螺纹,如图 4-3(a)所示;沿两条或两条以上且在轴向等距分布的螺旋线形成的螺纹为多线螺纹,如图 4-3(b)所示。从螺纹的端部看,线数多于一的螺纹,每条螺纹的开始位置不同。

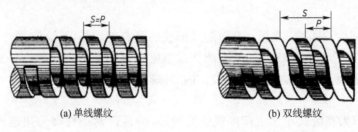

(a) 单线螺纹　　　　　　　　(b) 双线螺纹

图 4-3　线数、导程与螺距

4. 螺距与导程

螺纹中径线上相邻两牙对应两点间的轴向距离称为螺距(P),见图 4-3(a)。同一条螺纹在中径线上相邻两牙对应两点间的轴向距离称为导程(S),参见图 4-3(b)。线数、螺距和导程三者的关系是:$S=nP$。

5. 旋向

螺纹的旋向有左旋和右旋两种。顺时针旋进的螺纹为右旋,逆时针旋进的螺纹为左旋。判定螺纹旋向较直观的方法是:将外螺纹竖放,右旋螺纹的可见螺旋线左低右高,而左旋螺纹的可见螺旋线左高右低,如图 4-4 所示。

(三)螺纹的规定画法

为了简化作图,国家标准(GB/T 4459.1—1995)

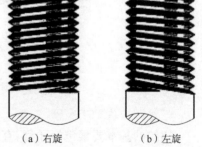

（a）右旋　　　（b）左旋

图 4-4　螺纹旋向的判定

对螺纹的画法作了统一规定。作图时应注意以下几点:①不论是内螺纹还是外螺纹,可见螺纹的牙顶线和牙顶圆用粗实线表示,可见螺纹的牙底线和牙底圆用细实线表示,其中牙底圆只画 3/4 圈;②可见螺纹的终止线用粗实线表示,其两端应画到大径处为止;③在剖视图或断面图中,剖面线应画到粗实线为止;④不可见螺纹的所有图线都画成虚线。

螺纹的规定画法见表 4-1。

表 4-1　螺纹的规定画法

类　　型	图　　例	说　　明
外螺纹	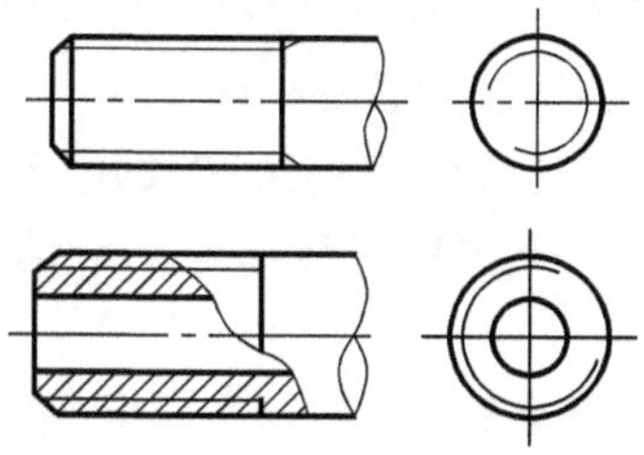	①外螺纹的大径对应牙顶,用粗实线画出,小径对应牙底,用细实线画出; ②小径可按大径的 0.85 倍近似绘制; ③在投影成圆的视图中,不画倒角圆; ④螺尾部分一般不画出,必要时可用与轴线成 30°的细实线画出
内螺纹	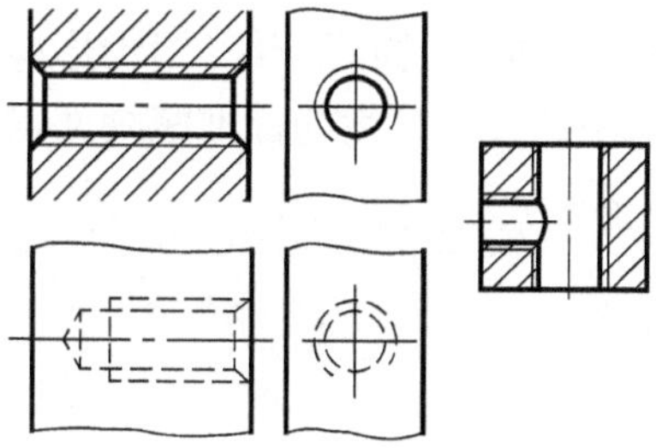	①可见内螺纹的小径对应牙顶,用粗实线画出,大径对应牙底,用细实线画出; ②不可见螺纹的所有图线用虚线画出; ③螺孔的相贯线只在牙顶处画出
盲孔内螺纹	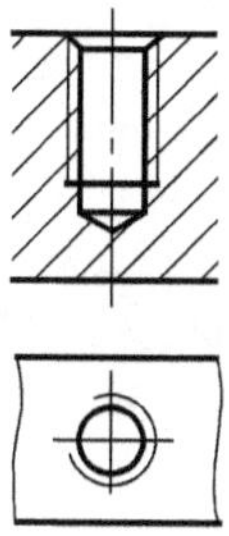 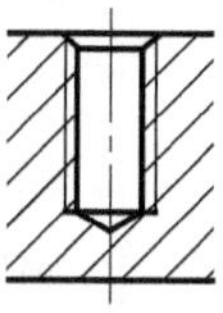 简化画法	盲孔内螺纹的加工是先钻孔,然后用丝锥攻丝形成,钻孔深度大于螺纹长度。画图时,一般应将钻孔深度与螺纹深度分别画出,也可采用简化画法,不画光孔
锥螺纹	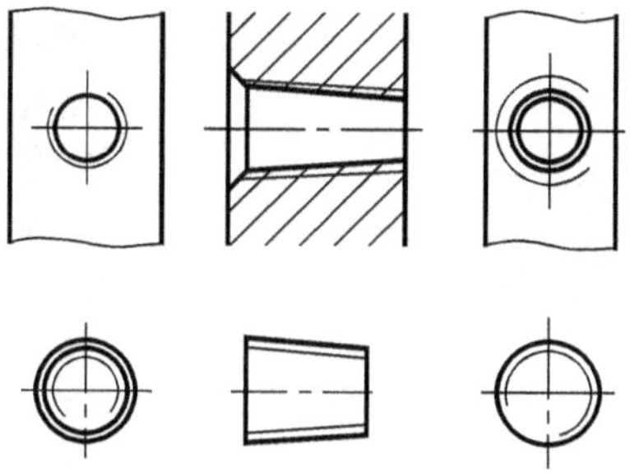	在投影成圆的视图中,不可见的大端或小端不画出
内外螺纹旋合	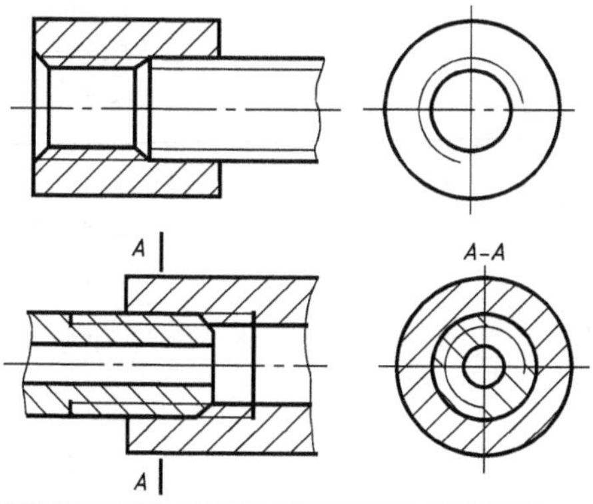 A A A—A	①在剖视图中,内、外螺纹的旋合部分应按外螺纹绘制,未旋合的部分按各自的画法绘制; ②一对旋合的内、外螺纹,其大径和小径分别对应相等

(四)螺纹的种类及标注

1. 螺纹的种类

螺纹按牙型可分为三角形螺纹、梯形螺纹、锯齿形螺纹和方牙螺纹等;按线数可分为单线螺纹和多线螺纹;按旋向可分为左旋螺纹和右旋螺纹。

螺纹按使用功能可分为连接螺纹和传动螺纹。连接螺纹用于两零件间的可拆连接,牙型一般为三角形,尺寸相对较小;传动螺纹用于传递运动或动力,牙型多用梯形、锯齿形和方形,尺寸相对较大。

螺纹按其牙型、直径和螺距是否符合国家标准,可分为标准螺纹、非标准螺纹和特殊螺纹。

在标准螺纹中,普通螺纹和管螺纹用于连接;梯形螺纹、锯齿形螺纹用于传动。普通螺纹、梯形螺纹、锯齿形螺纹统称为米制螺纹。常用的标准螺纹见表 4-2。

表 4-2　标准螺纹的种类与标记

螺纹种类		特征代号	牙型略图	标记示例	标记说明
连接螺纹	粗牙普通螺纹	M		M12—5g6g—L	公称直径为 12 mm 的粗牙普通外螺纹,右旋,中径、顶径公差带分别为 5g、6g,长旋合长度
	细牙普通螺纹			M12×1.5LH—6H	公称直径为 12 mm,螺距为 1.5 mm 的左旋细牙普通内螺纹,中径与顶径的公差带相同,均为 6H,中等旋合长度(N 省略)
	非螺纹密封的管螺纹	G		G1/2A	管螺纹,尺寸代号为 1/2,A 级公差。外螺纹公差分 A、B 两级;内螺纹公差只有一种
	用螺纹密封的管螺纹	圆锥外螺纹	R		R3/4—LH	用螺纹密封的圆锥外螺纹,尺寸代号为 3/4,左旋
		圆锥内螺纹	Rc		Rc1/2	用螺纹密封的圆锥内螺纹,尺寸代号为 1/2,右旋
		圆柱内螺纹	Rp		Rp3/4	用螺纹密封的圆柱内螺纹,尺寸代号为 3/4,右旋
传动螺纹	梯形螺纹	Tr		Tr36×6—8e	公称直径为 36 mm,螺距为 6 mm 的单线梯形外螺纹,右旋,中径公差带为 8e,中等旋合长度
				Tr40×14(P7)LH—7e	公称直径为 40 mm,导程为 14 mm,螺距为 7 mm 的双线梯形外螺纹,左旋,中径公差带为 7e,中等旋合长度
	锯齿形螺纹	B		B40×7—7A	公称直径为 40 mm,螺距为 7 mm 的单线锯齿内螺纹,右旋,中径公差带为 7A,中等旋合长度

续表

螺纹种类		特征代号	牙型略图	标记示例	标记说明
传动螺纹	锯齿形螺纹	B		B40×14(P7)—7A—L	公称直径为 40 mm,导程为 14 mm,螺距为 7 mm 的双线锯齿内螺纹,右旋,中径公差带为 7A,长旋合长度

在标准螺纹中,普通螺纹应用最广,按其螺距的不同,分为粗牙普通螺纹和细牙普通螺纹。在同一公称直径下,粗牙普通螺纹的螺距只有一种,而细牙普通螺纹的螺距一般有多种,在螺纹标记中,必须明确指定细牙普通螺纹的螺距,而粗牙普通螺纹不必指明螺距。

管螺纹分为用螺纹密封的管螺纹和非螺纹密封的管螺纹。用螺纹密封的管螺纹又分为圆锥外螺纹、圆锥内螺纹和圆柱内螺纹,旋合后内、外螺纹之间自行密封;非螺纹密封的管螺纹需要在内、外螺纹之间加入其他密封材料才能形成密封。

2. 螺纹的标记

由于螺纹采用了统一的规定画法,没有表达出螺纹的基本要素和种类,故需要用螺纹的标记来区分,国家标准规定了标准螺纹的标记和标注方法。

一个完整的螺纹标记由三部分组成,其标记格式为:

$$\boxed{\text{螺纹代号}}—\boxed{\text{公差带代号}}—\boxed{\text{旋合长度代号}}$$

1)螺纹代号

螺纹代号的内容及格式为:$\boxed{\text{特征代号}}\ \boxed{\text{尺寸代号}}\ \boxed{\text{旋向}}$

特征代号见表 4-2 所示,如普通螺纹的特征代号为 M,非螺纹密封的管螺纹特征代号为 G。

单线螺纹的尺寸代号为:$\boxed{\text{公称直径}}×\boxed{\text{螺距}}$

多线螺纹的尺寸代号为:$\boxed{\text{公称直径}}×\boxed{\text{导程(螺距 }P\text{)}}$

米制螺纹以螺纹大径为公称直径;管螺纹以管子的公称通径为尺寸代号,单位为英寸。

旋向:左旋螺纹用代号 LH 表示,而右旋螺纹应用最多,不标注旋向。

2)公差带代号

由公差等级(用数字表示)和基本偏差(用字母表示)组成。表示基本偏差的字母,内螺纹为大写,如 6H;外螺纹为小写,如 5g、6g。管螺纹只有一种公差带,故不注公差带代号。

3)旋合长度代号

旋合长度有长、中、短三种规格,分别用代号 L、N、S 表示,中等旋合长度应用最多,在标记中可省略 N。

常用标准螺纹的种类及标记示例见表 4-2。

3. 螺纹的标注

1)米制螺纹的标注

把螺纹标记直接标注在大径尺寸线或其引出线上,如图 4-5 所示。

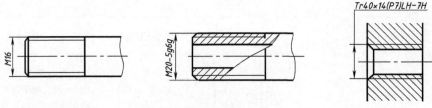

图 4-5 米制螺纹的标注

2)管螺纹的标注

标注管螺纹时,应先从管螺纹的大径线上画引出线,然后将螺纹标记注写在引出线的水平线上,如图 4-6 所示。

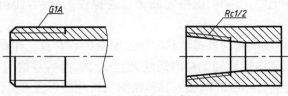

图 4-6 管螺纹的标注

3)非标准螺纹的标注

非标准螺纹的牙型数据不符合标准,图样上应画出螺纹的牙型,并详细标注有关尺寸,如图 4-7 所示。

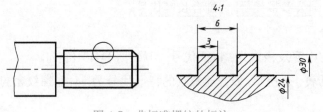

图 4-7 非标准螺纹的标注

二、螺纹紧固件

螺纹紧固件
的画法

螺纹紧固件用于几个零件间的可拆连接,常见的螺纹紧固件有螺栓、螺柱、螺钉、螺母和垫圈等,如图 4-8 所示。螺纹紧固件属于标准件,可以根据其标记,在有关的标准手册中查出它们的全部尺寸。

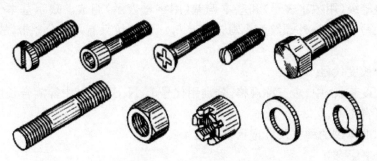

图 4-8 常见的螺纹紧固件

(一)螺纹紧固件的标记

螺纹紧固件的标记格式一般为：

| 名称 | 标准编号 | 规格 |

几种常见螺纹紧固件的标记示例见表 4-3。

表 4-3　螺纹紧固件标记示例

名称	标记示例	标记格式	说　明
螺栓	螺栓 GB/T 5780—2000　M10×40	名称　标准编号 螺纹代号×公称长度	螺纹规格 $d=10$ mm,公称长度 $l=40$ mm(不包括头部厚度)的 C 级六角头螺栓
螺母	螺母 GB/T 6170—2000　M20	名称　标准编号 螺纹代号	螺纹规格 $d=20$ mm 的 A 级 I 型六角螺母
双头螺柱	螺柱 GB/T 899—1988　M10×40	名称 标准编号 螺纹代号×公称长度	螺纹规格 $d=10$ mm,公称长度 $l=40$ mm(不包括旋入端长度)的双头螺柱
平垫圈	垫圈 GB/T 97.2—2002　8　140HV	名称 标准编号 公称尺寸 性能等级	公称尺寸 $d=8$ mm,性能等级为 140HV 级,倒角型,不经表面处理的平垫圈
螺钉	螺钉 GB/T 67—2000　M10×40	名称 标准编号 螺纹代号×公称长度	螺纹规格 $d=10$ mm,公称长度 $l=40$ mm(不包括头部厚度)的开槽盘头螺钉

(二)螺纹紧固件及连接图的画法

螺纹紧固件的连接形式有:螺栓连接、螺柱连接和螺钉连接,如图 4-9 所示。在画连接图时,螺纹紧固件一般按比例画法绘出。

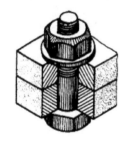 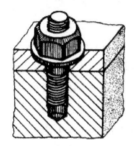 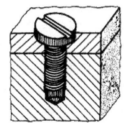

　　(a)螺栓连接　　　　　　　　(b)螺柱连接　　　　　　　　(c)螺钉连接

图 4-9　螺纹紧固件的三种连接形式

1. 螺栓连接

螺栓连接是将螺栓穿过被连接零件的光孔,套上垫圈,再旋紧螺母,如图 4-9(a)所示。这种连接方式适合于连接厚度不大并允许钻通孔的零件。

螺栓连接的画法如图 4-10 所示。螺栓、螺母和垫圈的尺寸一般按与螺纹公称直径的近似比例关系画出,比例关系见表 4-4。

表 4-4　螺栓、螺母和垫圈各部分的比例关系

紧固件名称	螺　栓	螺　母	平垫圈
尺寸比率	$D=2.2d$　$k=0.7d$　$c≈0.15d$ $e=2d$　$R=1.5d$　$R_1=d$　r、s 由作图决定	$m=0.8d$	$h=0.15d$ $D=2.2d$

为简化作图,螺纹紧固件允许省略倒角,如图 4-11 所示。

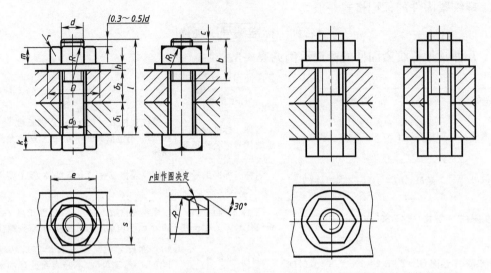

图 4-10　螺栓连接的比例画法　　　　图 4-11　螺栓连接的简化画法

画螺栓连接图时,应按各个标准件的装配顺序依次画出,作图时应注意:①在主视图和左视图中,剖切面过标准件的轴线剖切,图中的螺栓、螺母和垫圈均按视图绘制;②被连接件的接触面只画一条线,光孔(直径 d_0)与螺杆之间为非接触面,应画出间隙(可近似取 $d_0=1.1 d$);③在主视图和左视图中,螺杆的一部分被螺母和垫圈遮住,被连接件的接触面也有一部分被螺杆遮住,这些被遮挡的虚线不必画出;④两个被连接件的剖面线应画成方向相反,或方向相同但间隔不等。

2. 螺柱连接

螺柱连接是将螺柱的一端(旋入端),旋入端部零件的螺孔中,另一端穿过厚度不大的零件的光孔,套上垫圈,再用螺母旋紧,如图 4-9(b)所示。

螺柱连接的简化画法如图 4-12 所示。画图时应注意以下几点:①螺柱的旋入端长度 b_m 按旋入端被连接件的材料选取(钢取 $b_m=d$;铸铁或铜取 $b_m=1.25d\sim1.5d$;铝等轻金属取 $b_m=2d$)。螺柱其他部分的比例关系,可参照螺栓的螺纹部分选取。②图中的垫圈为弹簧垫圈,有防松的作用。画弹簧垫圈时,开口采用粗线(线宽约 $2d,d$ 为粗实线的宽度)绘制,向左倾斜,与水平成 $60°$。比例关系为:$h=0.2 d,D=1.3 d$。③旋入端的螺纹终止线应与接触面对齐,表示旋入端的螺纹全部旋入螺孔中。④为保证旋入端的螺纹能够全部旋入螺孔,被连接件上的螺孔深度应大于螺柱旋入端的长度,螺孔深取 $b_m+0.5 d$,孔深取 b_m+d。⑤公称长度按 $l=\delta+h+m+(0.3\sim0.5)d$ 式计算后再取标准值。

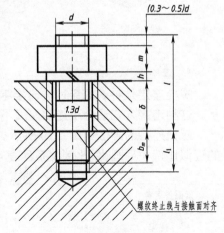

图 4-12　螺柱连接的简化画法

3. 螺钉连接

螺钉连接是将螺钉穿过零件的光孔,并旋入另一端部零件的螺孔中,将零件固定在一起,如图 4-9(c)所示。螺钉连接主要用于受力不大且不经常拆卸的场合。

螺钉按用途可分为连接螺钉和紧定螺钉两类。连接螺钉的连接图画法如图 4-13 所示,作图时应注意:①螺钉的螺纹终止线应高于两零件的接触面,以保证正确旋紧。②螺钉头部的开槽用粗线(宽约 $2d$, d 为粗实线线宽)表示,在垂直于螺钉轴线的视图中一律向右倾斜 45°画出。③被连接件上螺孔部分的画法与双头螺柱相同。

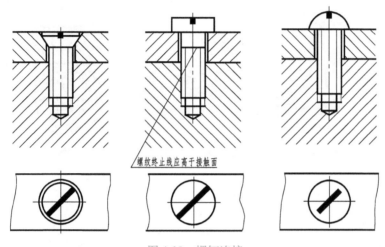

图 4-13　螺钉连接

几种螺钉头部的比例关系如图 4-14 所示。

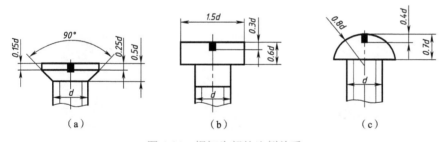

（a）　　　　　　　　　（b）　　　　　　　　　（c）

图 4-14　螺钉头部的比例关系

紧定螺钉的连接图画法如图 4-15 所示。

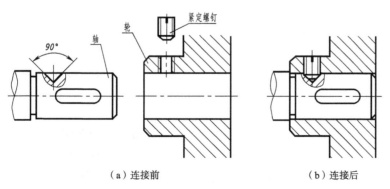

（a）连接前　　　　　　　　　（b）连接后

图 4-15　紧定螺钉连接

知识储备 4.2　齿轮

齿轮用于在两轴间传递运动或动力,常用的齿轮传动有三大类:
(1)圆柱齿轮传动。用于平行两轴间的传动,如图 4-16(a)所示。
(2)圆锥齿轮传动。用于相交两轴间的传动,如图 4-16(b)所示。
(3)蜗轮蜗杆传动。用于交叉两轴间的传动,如图 4-16(c)所示。

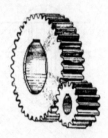  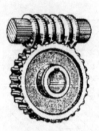

（a）圆柱齿轮传动　　　（b）圆锥齿轮传动　　　（c）蜗轮蜗杆传动

图 4-16　齿轮传动

一、圆柱齿轮

圆柱齿轮的外形为圆柱形,按轮齿的排列方向分为直齿、斜齿和人字齿,如图 4-17 所示。轮齿的齿廓曲线有渐开线、摆线和圆弧等,其中渐开线齿形最为常见,以下重点介绍渐开线齿形的直齿圆柱齿轮。

（a）直齿　　　　　（b）斜齿　　　　　（c）人字齿

图 4-17　圆柱齿轮

渐开线圆柱
齿轮的画法

(一)直齿圆柱齿轮的轮齿结构、名称及代号(图 4-18)

1. 齿顶圆和齿根圆

通过齿轮各轮齿顶部的圆称为齿顶圆,直径用 d_a 表示;通过齿轮各轮齿根部的圆称为齿根圆,直径用 d_f 表示。

2. 节圆和分度圆

在两齿轮啮合时,过齿轮中心连线上的啮合点(节点)所做的两个相切的圆称为节圆,直径用 d' 表示。在齿顶圆与齿根圆之间,通过齿隙弧长与齿厚弧长相等处的圆称为分度圆,直径用 d 表示。加工齿轮时,分度圆作为齿轮轮齿分度使用。标准齿轮的节圆和分度圆直径相等。

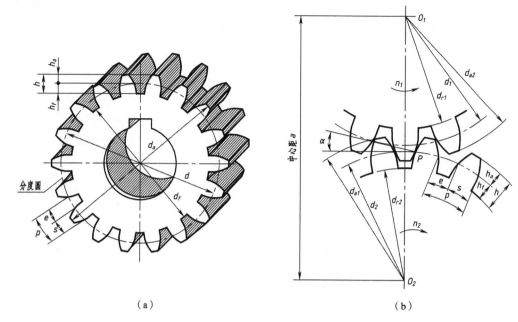

（a）　　　　　　　　　　　　　　　（b）

图 4-18 　直齿圆柱齿轮的轮齿结构

3. 齿高与齿宽

齿顶圆与齿根圆之间的径向距离称为齿高(h)。齿顶圆与分度圆之间的径向距离称为齿顶高(h_a)。齿根圆与分度圆之间的径向距离称为齿根高(h_f)。

$$h = h_a + h_f$$

齿轮的轮齿部分沿分度圆柱面母线方向度量的宽度,称为齿宽(b)。

4. 齿距

分度圆上相邻两齿同侧齿廓间的弧长称为齿距(p),包含齿厚(s)和槽宽(e)。

$$p = s + e$$

（二）直齿圆柱齿轮的基本参数和尺寸关系

标准直齿圆柱齿轮的基本参数有齿数(z)、模数(m)和齿形角(α),其中模数 m 和齿形角 α 为标准参数。

1. 模数

分度圆的周长$= \pi d = pz$,$d = \dfrac{p}{\pi} z = mz$,其中 $m = \dfrac{p}{\pi}$ 称为模数。设计齿轮时,模数应取标准值,标准模数见表 4-5。

表 4-5 　圆柱齿轮的标准模数系列(摘自 GB/T 1357—1987)　　　　　　mm

第一系列	1,1.25,1.5,2,2.5,3,4,5,6,8,10,12,16,20,25,32,40,50
第二系列	1.75,2.25,2.75,(3.25),3.5,(3.75),4.5,5.5,(6.5),7,9,(11),14,18

注:优先选用第一系列,其次是第二系列,括号内的模数尽可能不用。

2. 齿形角

齿廓在节圆上啮合点处的受力方向(法向)与该点瞬时速度方向所夹的锐角称为齿形角(α),如图 4-18(b)所示。标准齿轮的齿形角 $\alpha = 20°$。

一对相互啮合的标准直齿圆柱齿轮,模数和齿形角必须相等。若已知它们的模数和齿数,则可以计算出轮齿的其他尺寸,计算关系见表 4-6。

表 4-6 标准直齿圆柱齿轮的尺寸计算

基本参数	名称及符号	计算公式
模数 m 齿数 z	齿顶圆直径(d_a)	$d_a = m(z+2)$
	分度圆直径(d)	$d = mz$
	齿根圆直径(d_f)	$d_f = m(z-2.5)$
	齿顶高(h_a)	$h_a = m$
	齿根高(h_f)	$h_f = 1.25m$
	齿高(h)	$h = h_a + h_f = 2.25m$
	齿距(p)	$p = \pi m$
	中心距(a)	$a = (d_1 + d_2)/2 = m(z_1 + z_2)/2$

(三)直齿圆柱齿轮的画法

1. 单个齿轮的画法

单个直齿圆柱齿轮的画法如图 4-19 所示。齿顶圆和齿顶线用粗实线绘制;分度圆和分度线用细点画线绘制;视图中,齿根圆和齿根线用细实线绘制(可省略不画),剖视图中,齿根线用粗实线绘制,轮齿部分不画剖面线。

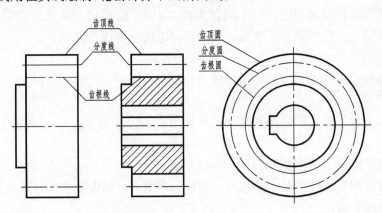

图 4-19 直齿圆柱齿轮的画法

2. 直齿圆柱齿轮的零件图

在齿轮零件图上,除应有一般零件的内容外,还应在图纸右上角画出参数表,填写齿轮的模数、齿数、齿形角及精度等级等参数,如图 4-20 所示。

3. 啮合画法

两齿轮的啮合画法如图 4-21 所示。

在与轴线平行的投影面内,若过轴线作剖视,啮合区内将一个齿轮的轮齿用粗实线绘制,另一个齿轮的轮齿被遮挡的部分用虚线绘制,也可省略不画,如图 4-21(a)所示;若作视图,在啮合区仅将节线用粗实线绘制,如图 4-21(b)所示。

在与轴线垂直的投影面内,两齿轮节圆应相切,啮合区内两齿轮的齿顶圆均用粗实线绘制,如图 4-21(a)所示。其省略画法如图 4-21(b)所示。

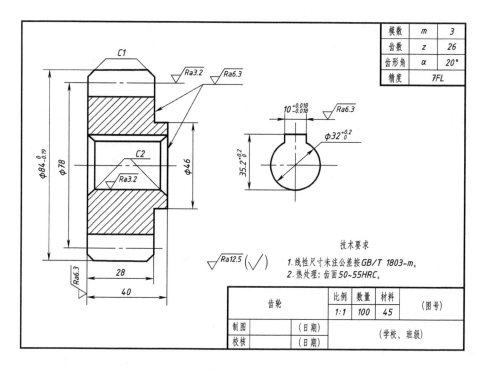

图 4-20   直齿圆柱齿轮的零件图

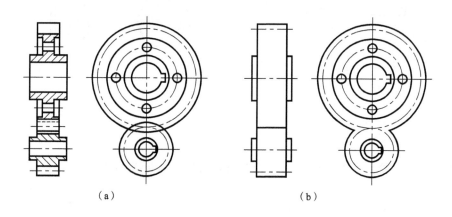

图 4-21   直齿圆柱齿轮的啮合画法

(四)斜齿圆柱齿轮简介

1. 斜齿圆柱齿轮的尺寸关系

斜齿圆柱齿轮的轮齿排列方向与轴线间有一倾角 β,称为螺旋角。轮齿的端面齿形与法向截面齿形不同,因此,其齿距相应地有法向齿距(p_n)和端面齿距(p_t),模数也分为法向模数(m_n)和端面模数(m_t),它们的关系为 $m_n = m_t\cos\beta$。由于刀具在加工时的方向与法向一致,因此以法向模数 m_n 为标准模数。斜齿圆柱齿轮各部分的尺寸关系见表 4-7。

表 4-7　斜齿圆柱齿轮的尺寸计算

基本参数	名称及代号	计算公式
齿数 z 螺旋角 β 法向模数 m_n	分度圆直径(d)	$d=m_t z=m_n z/\cos\beta$
	齿顶高(h_a)	$h_a=m_n$
	齿根高(h_f)	$h_f=1.25m_n$
	齿　高(h)	$h=h_a+h_f=2.25\,m_n$
	齿顶圆直径(d_a)	$d_a=d+2\,h_a=m_n(z/\cos\beta+2)$
	齿根圆直径(d_f)	$d_f=d-2\,h_f=m_n(z/\cos\beta-2.5)$
	端面模数(m_t)	$m_t=m_n/\cos\beta$
	中心距(a)	$a=(d_1+d_2)/2=m_n(z_1+z_2)/2\cos\beta$

2. 斜齿圆柱齿轮的画法

在非圆视图中,可用三条与齿线方向一致的细实线表示齿线的特征,其他画法与直齿圆柱齿轮相同,如图 4-22 所示。

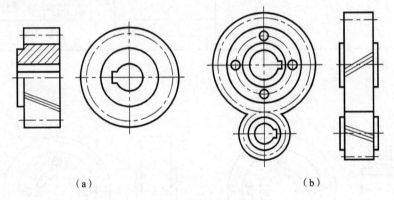

（a）　　　　　　　　　　　　　　　（b）

图 4-22　斜齿圆柱齿轮的画法

二、圆锥齿轮

圆锥齿轮的轮齿分布在圆锥面上,其齿顶、齿根和分度圆分别位于三个不同的圆锥面上。

(一)圆锥齿轮的结构、名称及代号(图 4-23)

1. 五个锥面和五个锥角

圆锥齿轮上的五个锥面分别为顶锥、根锥、分度锥(节锥)、背锥及前锥。其中顶锥、根锥、分锥共顶,背锥、前锥素线垂直于分锥素线。

圆锥齿轮上的五个锥角分别为节锥角 δ、顶锥角 δ_a、根锥角 δ_f、齿顶角 θ_a 及齿根角 θ_f。

2. 齿高

圆锥齿轮分大端与小端,两端的齿高不同,规定齿高以大端为准。齿高是指在背锥素线上轮齿的高度,分锥面将其分为齿顶高(h_a)和齿根高

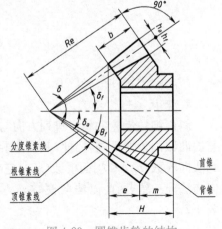

图 4-23　圆锥齿轮的结构

（h_f）。标准圆锥齿轮 $h_a=m$，$h_f=1.2m$，齿高 $h=2.2m$。

（二）圆锥齿轮的尺寸关系

圆锥齿轮的基本参数有齿数 z、大端模数 m 和分锥角 δ，由这三个参数可以计算出其他尺寸。圆锥齿轮轮齿部分的尺寸关系见表 4-8。

表 4-8　圆锥齿轮的尺寸计算

基本参数	名称及代号	计算公式
齿数(z) 分度圆锥角(δ) 大端模数(m)	分度圆直径(d)	$d=mz$
	齿顶高(h_a)	$h_a=m$
	齿根高(h_f)	$h_f=1.2m$
	齿　高(h)	$h=h_a+h_f=2.2m$
	齿顶圆直径(d_a)	$d_a=m(z+2\cos\delta)$
	齿根圆直径(d_f)	$d_f=m(z-2.4\cos\delta)$
	齿顶角(θ_a)	$\tan\theta_a=2\sin\delta/z$
	齿根角(θ_f)	$\tan\theta_f=2.4\sin\delta/z$
	分度圆锥角(δ_1、δ_2)	$\tan\delta_1=z_1/z_2$；$\tan\delta_2=z_2/z_1$
	根锥角(δ_f)	$\delta_f=\delta-\theta_f$
	顶锥角(δ_a)	$\delta_a=\delta+\theta_a$
	齿宽(b)	$b\leqslant Re/3$
	锥距(Re)	$Re=mz/2\sin\delta$

（三）圆锥齿轮的画法

1. 单个圆锥齿轮的画法

在圆形视图中，轮齿部分仅画出大端齿顶圆、分度圆和小端齿顶圆。其他画法与圆柱齿轮类似，如图 4-24 所示。

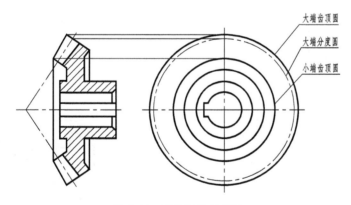

图 4-24　圆锥齿轮的画法

单个圆锥齿轮的画图步骤如图 4-25 所示。

2. 圆锥齿轮的啮合画法

一对啮合的圆锥齿轮，其模数应相等，节锥面相切，节锥交于一点，轴线一般垂直相交,即 $\delta_1 + \delta_2 = 90°$,啮合画法与圆柱齿轮类似。圆锥齿轮啮合的画图步骤如图 4-26 所示。

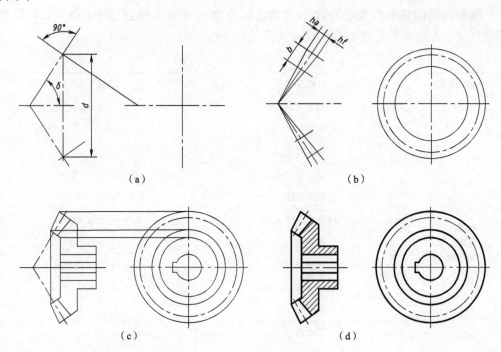

图 4-25 圆锥齿轮的画图步骤

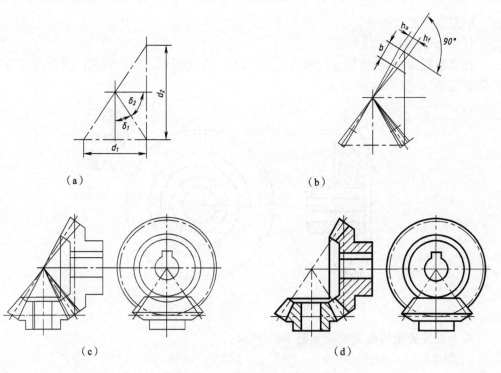

图 4-26 圆锥齿轮的啮合画法

三、蜗轮蜗杆

蜗轮蜗杆常用于两轴交叉、传动比较大的传动。其结构紧凑、传动较平稳,但效率较低。蜗杆类似于梯形螺纹,轴向断面上的齿形为梯形,传动时相当于齿条,其齿数即为线数。蜗轮类似于斜齿圆柱齿轮,为了增加与蜗杆的接触面,蜗轮轮齿一般加工成凹形圆环面。

(一)蜗轮蜗杆的主要参数

1. 模数

为便于设计和加工,规定以蜗杆的轴向模数 m_x 和蜗轮的端面模数 m_t 为标准模数。一对相互啮合的蜗杆蜗轮,其标准模数应相等,即 $m = m_x = m_t$。

2. 蜗杆的直径系数

规定直径系数 $q = d_1/m_x$,其中 d_1 为蜗杆分度圆直径,m_x 为蜗杆轴向模数。标准模数和直径系数的对应关系见表 4-9。

表 4-9　m 与 q 的对应关系(摘自 GB/T 10085—1988)

m_x	2		2.5		3.15		4		5		6.5		8		10	
q	11.2	17.75	11.2	18	11.27	17.778	10	17.75	10	18	10	17.778	10	17.5	9	16

3. 蜗杆的导程角(γ)

将蜗杆按分度圆柱面展开后如图 4-27 所示,可得出如下计算关系:

$$\tan\gamma = \frac{导程}{分度圆周长} = \frac{蜗杆头数 \times 轴向齿距}{分度圆周长} = \frac{z_1 p_x}{\pi d_1} = \frac{z_1 \pi m}{\pi m q} = \frac{z_1}{q}$$

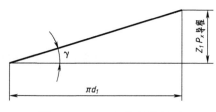

图 4-27　γ、d_1 与导程的关系

一对蜗轮蜗杆,只有在蜗轮的螺旋角 β 与蜗杆的导程角 γ 相等、方向相同时才能相互啮合。

(二)蜗轮蜗杆各部分的尺寸关系

在计算蜗轮蜗杆的尺寸时,应知道的基本参数是:模数 $m = m_x = m_t$、导程角 γ、蜗杆直径系数 q、蜗杆头数 z_1 及蜗轮齿数 z_2,尺寸计算关系见表 4-10。

表 4-10　蜗杆蜗轮的尺寸计算

基本参数	零件	名称及代号	计算公式
标准模数 $m = m_x = m_t$ 导程角(γ) 蜗杆直径系数(q) 蜗杆头数(z_1) 蜗轮齿数(z_2)	蜗杆	轴向齿距(p_x)	$p_x = \pi m$
		分度圆直径(d_1)	$d_1 = mq$
		齿顶高(h_{a1})	$h_{a1} = m$
		齿根高(h_{f1})	$h_{f1} = 1.2m$

续表

基本参数	零件	名称及代号	计算公式
标准模数 $m=m_x=m_t$ 导程角(γ) 蜗杆直径系数(q) 蜗杆头数(z_1) 蜗轮齿数(z_2)	蜗杆	齿高(h_1)	$h_1=h_{a1}+h_{f1}=2.2m$
		导程角(γ)	$\tan\gamma=z_1/q$
		齿顶圆直径(d_{a1})	$d_{a1}=d_1+2h_{a1}=d_1+2m$
		齿根圆直径(d_{f1})	$d_{f1}=d_1-2h_{f1}=d_1-2.4m$
		蜗杆导程(p_z)	$P_z=z_1p_x$
		轴向齿形角(α)	$\alpha=20°$
	蜗轮	齿顶高(h_{a2})	$h_{a2}=m$
		齿根高(h_{f2})	$h_{f2}=1.2m$
		齿高(h_2)	$h_2=2.2m$
		分度圆直径(d_2)	$d_2=mz_2$
		齿根圆直径(d_{f2})	$d_{f2}=d_2-2h_{f2}=m(z_2-2.4)$
		喉圆直径(d_{a2})	$d_{a2}=d_2+2h_{a2}=m(z_2+2)$
		齿顶圆弧半径(R_{a2})	$R_{a2}=d_{f1}/2+0.2m=d_1/2-m$
		齿根圆弧半径(R_{f2})	$R_{f2}=d_{a1}/2+0.2m=d_1/2+1.2m$
		顶圆直径(d_{e2})	$z_1=1$ 时,$d_{e2}\leqslant d_{a2}+2m$ $z_1=2\sim3$ 时,$d_{e2}\leqslant d_{a2}+1.5m$
		齿宽(b_2)	$z_1\leqslant3$ 时,$b_2\leqslant0.75d_{a1}$ $z_1\leqslant4$ 时,$b_2\leqslant0.67d_{a1}$
		中心距(a)	$a=(d_1+d_2)/2=m(q+z_2)/2$

(三)蜗轮蜗杆的画法

1. 蜗杆的画法

蜗杆的画法与圆柱齿轮画法基本相同,但常根据需要用局部剖视或局部放大图画出轴向或法向齿形,如图 4-28 所示。

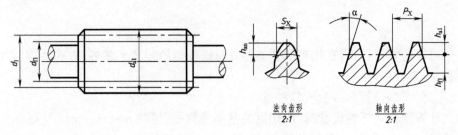

图 4-28　蜗杆的画法

2. 蜗轮的画法

在与蜗轮轴线平行的投影面内,蜗轮一般作剖视图,画法与圆柱齿轮基本相同。但应当注意,蜗轮的齿形为凹弧形,弧形中心与相啮合蜗杆的中心重合。在圆视图中,轮齿部分仅画出分度圆和顶圆,分度圆用细点画线绘制,顶圆用粗实线绘制,如图 4-29 所示。

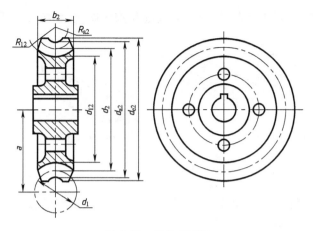

图 4-29 蜗轮的画法

3. 蜗轮蜗杆的啮合画法

如图 4-30(a)所示的剖视图中,啮合部位将蜗杆完整画出,蜗轮被蜗杆遮挡的部分不画出,轮齿按不剖绘制,蜗杆的分度线应与蜗轮的分度圆相切。蜗轮蜗杆啮合的视图画法如图 4-30(b)所示。

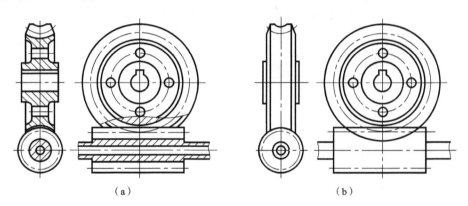

（a）　　　　　　　　　　　　（b）

图 4-30 蜗轮蜗杆的啮合画法

知识储备 4.3 键 和 销

一、键

键常用来连接轴和轮,以在两者之间传递运动或动力,如图 4-31 所示。

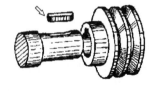
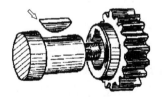
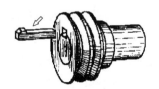

（a）普通平键连接　　　　　（b）半圆键连接　　　　　（c）钩头楔键连接

图 4-31 键连接

键是标准件,常用型式有普通平键、半圆键和钩头楔键,如图 4-32 所示。

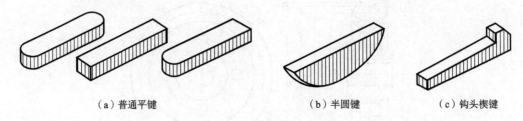

（a）普通平键　　　　　　　　　　　（b）半圆键　　　　（c）钩头楔键

图 4-32　键的型式

普通平键应用最广,按形状分为 A 型(两端为圆头)、B 型(两端为平头)和 C 型(一端为圆头、另一端为平头)三种。

普通平键、半圆键和钩头楔键的画法与标记见表 4-11。

表 4-11　常用键的型式、画法与标记

名　称	图　例	标　记
普通平键		圆头普通平键(A 型)$b=8$ mm,$h=7$ mm,$l=25$ mm: 键 GB/T 1096—2003　8×25 平头普通平键(B 型)$b=16$ mm,$h=10$ mm,$l=100$ mm: 键 GB/T 1096—2003　B16×100
半圆键		半圆键 $b=6$ mm,$h=10$ mm,$d=25$ mm: 键 GB/T 1099—2003　6×25
钩头楔键		钩头楔键 $b=18$ mm,$h=11$ mm,$l=100$ mm: 键 GB/T 1565—2003　18×100

常见的键连接的装配画法见表 4-12。

在绘制键连接时,键和键槽的尺寸是根据被连接的轴或孔的直径确定的。例如,要确定连接直径为 40 mm 的轴和孔的 A 型普通平键,由国家标准 GB/T 1096—2003《普通型　平键》可查得 $b=12$ mm,$h=8$ mm,公称长度 l 按轮毂长度在 28～140 mm 选取,同时 l 要符合规定的长度系列。

表 4-12　键连接的画法

名　称	连接图画法	说　明
普通平键连接	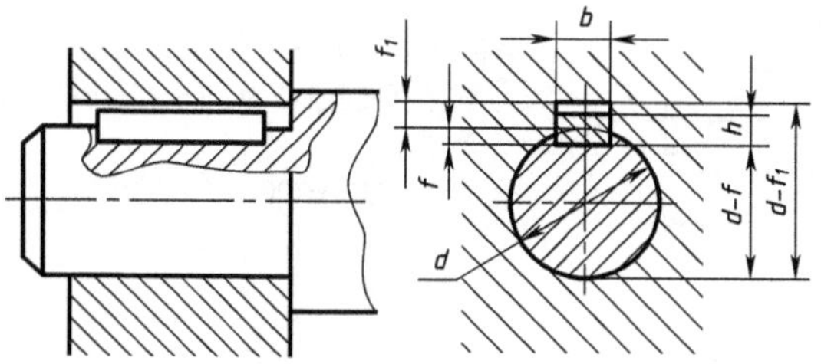	键的两侧面工作时受力,与键槽侧面接触,只画一条线;键顶面与轮毂上键槽的顶面之间有间隙,作图时应画出两条线。 　沿键长度方向剖切时,键按不剖绘制。 　键上的倒圆、倒角省略不画
半圆键连接	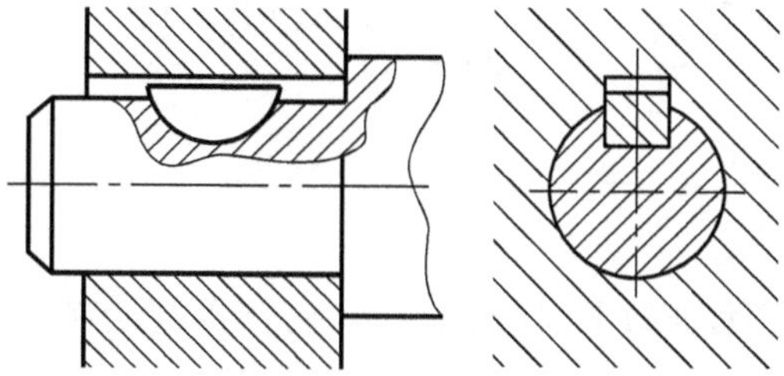	与普通平键连接情况基本相同,只是键的形状为半圆形。使用时,允许轴与轮毂轴线之间有少许倾斜
钩头楔键连接	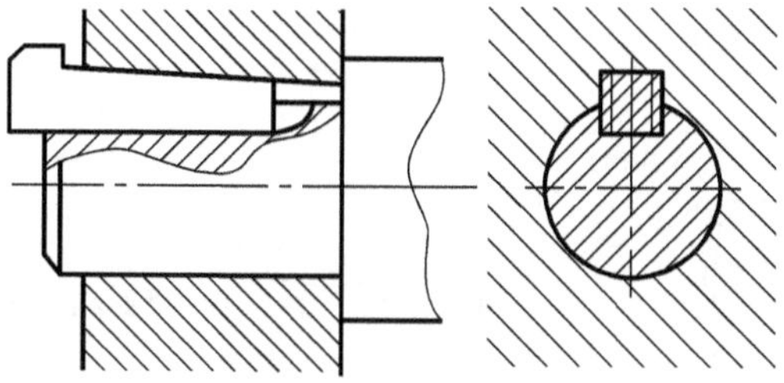	钩头楔键的上、下两面为工作面,上表面有 1∶100 的斜度,可用来消除两零件间的径向间隙,作图时上下两面不留间隙,画成接触面形式
矩形花键连接	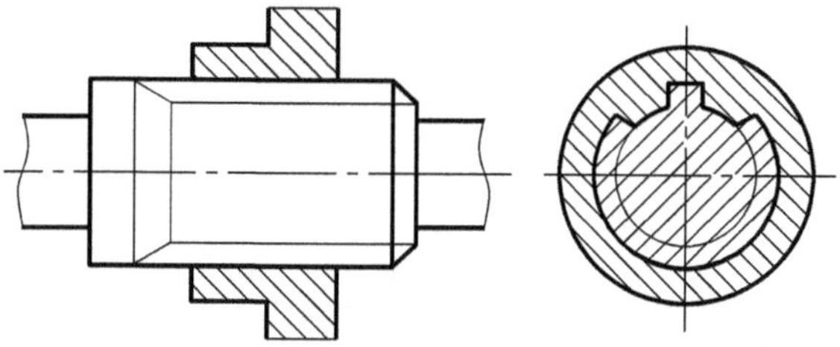	由内花键和外花键组成,外花键是在轴表面上作出均匀分布的矩形齿,与轮毂孔的花键槽连接。其连接可靠,导向性好,传递力矩大。 　矩形外花键的大径用粗实线绘制,小径、尾部及终止线用细实线绘制;矩形内花键的大、小径在非剖视图中均用粗实线绘制;连接图中,其连接部分按外花键绘制

二、销

　　销主要用于两零件间的定位,也可用于受力不大的连接和锁定。销为标准件,常见的型式有圆柱销、圆锥销和开口销,其标记示例见表 4-13。

表 4-13　销的型式与标记

名称	图　例	标　记
圆柱销	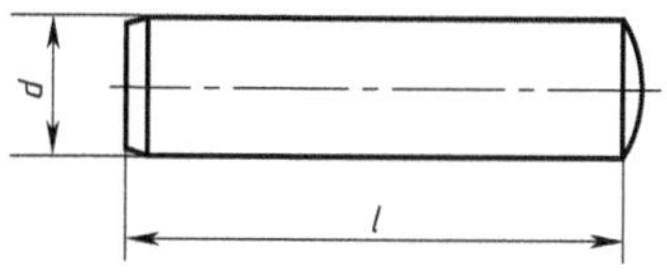	公称直径为 d=8 mm,公称长度 l=32 mm,材料为35 号钢,热处理硬度为 28～38HRC、表面氧化处理的A 型圆柱销: 　销 GB/T 119—2000 A8×32

名称	图　例	标　记
圆锥销	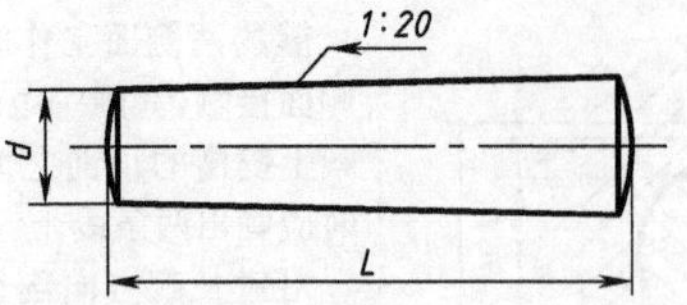	公称直径为 $d=5$ mm，公称长度 $l=32$ mm，材料为 35 号钢，热处理硬度为 28～38HRC，表面氧化处理的 A 型圆锥销： 销 GB/T 117—2000　5×32
开口销	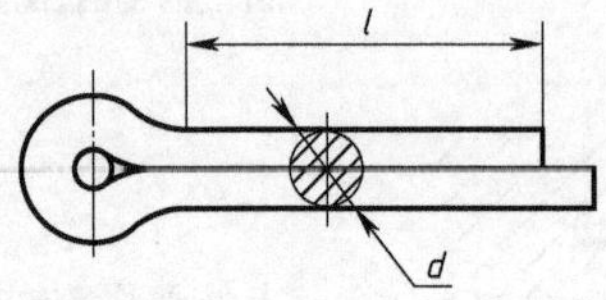	公称规格为 $d=5$ mm，公称长度 $l=50$ mm，材料为 Q215，不经表面处理的开口销： 销 GB/T 91—2000　5×50

　　在销连接的装配图中，当剖切面通过其轴线剖切时，销按不剖绘制，销连接的装配画法见表 4-14。

表 4-14　销连接的装配画法

类型	画　法	说　明
圆柱销	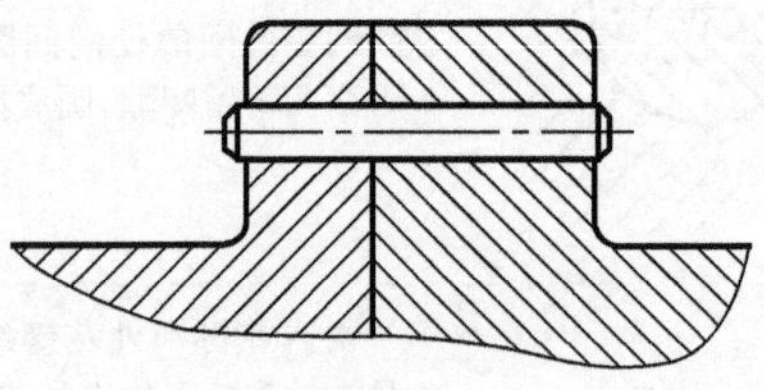	用于定位和连接。工件需要配作铰孔，可传递的载荷较小
圆锥销	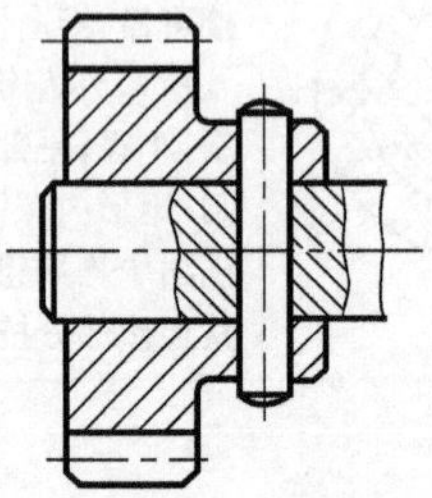	用于定位和连接。圆锥销制成 1∶50 的锥度，安装、拆卸方便，定位精度高
开口销	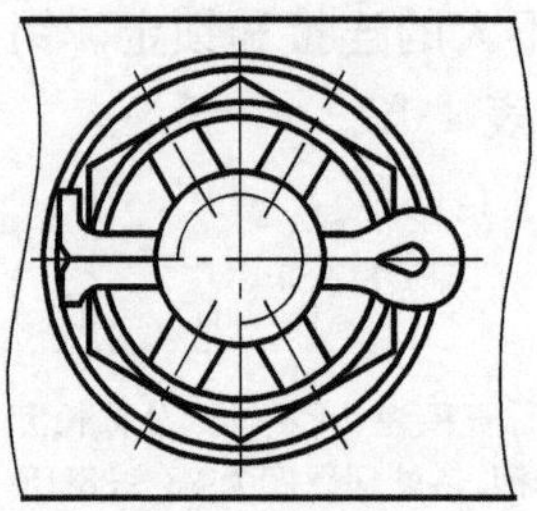	可与槽形螺母配合使用，用于防松，拆卸方便、工作可靠

知识储备 4.4　滚动轴承

滚动轴承在机器中用于支承旋转轴,其结构紧凑、摩擦小、效率高,使用广泛。滚动轴承是标准组件,其结构和尺寸已标准化。

一、滚动轴承的类型及特点

滚动轴承由外圈 1、内圈 2、滚动体 3 和保持架 4 组成。内圈套在轴上与轴一起转动,外圈装在机座孔中,如图 4-33 所示。滚动轴承按所承受载荷的特点分为三类:

(1)径向承载轴承。主要承受径向载荷,如深沟球轴承。

(2)轴向承载轴承。主要承受轴向载荷,如推力球轴承。

(3)径向和轴向承载轴承:可同时承受径向和轴向载荷,如圆锥滚子轴承。

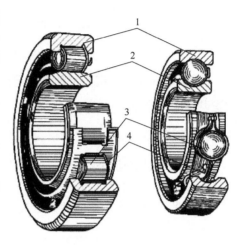

图 4-33　轴承的结构

二、滚动轴承的基本代号

滚动轴承用代号表示其结构、类型、公差等级和技术性能等特征。轴承的代号分前置代号、基本代号和后置代号,常使用的是基本代号。基本代号由轴承类型代号、尺寸系列代号和内径代号三部分组成。

1. 轴承类型代号

滚动轴承的类型代号用数字或字母表示,见表 4-15。

表 4-15　轴承类型代号(摘自 GB/T 272—2017)

代号	0	1	2	3	4	5	6	7	8	N	U	QJ
轴承类型	双列角接触球轴承	调心球轴承	调心滚子轴承和推力调心滚子轴承	圆锥滚子轴承	双列深沟球轴承	推力球轴承	深沟球轴承	角接触球轴承	推力圆柱滚子轴承	圆柱滚子轴承	外球面球轴承	四点接触球轴承

2. 尺寸系列代号

轴承的尺寸系列代号由轴承的宽(高)度系列代号和直径系列代号组成,用两位阿拉伯数字表示。尺寸系列代号用来区别内径相同而外径和宽度不同的轴承。

3. 内径代号(d)

内径代号表示轴承内孔的公称尺寸,用两位阿拉伯数字表示。代号为 00,01,02,03 的轴承,轴承内径分别为 10 mm,12 mm,15 mm,17 mm;代号数字为 04～96 的轴承,对应的轴承内径值可用代号数乘以 5 计算得到。但轴承内径为 1～9 mm 时,直接用公称内径数值(mm)表示；内径值为 22,28,32,以及大于或等于 500 mm 时,也用公称内径直接表示,但要用"/"与尺寸系列代号隔开。

例如：

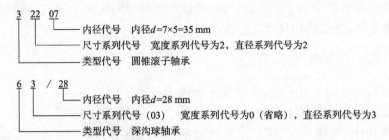

```
3  22  07
        └── 内径代号   内径d=7×5=35 mm
    └────── 尺寸系列代号   宽度系列代号为2,直径系列代号为2
└────────── 类型代号   圆锥滚子轴承

6  3  /  28
           └── 内径代号   内径d=28 mm
       └────── 尺寸系列代号（03）   宽度系列代号为0（省略），直径系列代号为3
└────────────── 类型代号   深沟球轴承
```

除基本代号外,还可添加前置代号和后置代号,进一步表示轴承的结构形状、尺寸、公差和技术要求等。

三、滚动轴承的画法

国家标准对滚动轴承的画法作了规定,分为简化画法和规定画法两种,其中简化画法又分为通用画法和特征画法。

滚动轴承的画法及比例关系见表 4-16。

表 4-16　滚动轴承的画法

轴承类型	深沟球轴承 （GB/T 276—2013）	圆锥滚子轴承 （GB/T 297—2015）	推力球轴承 （GB/T 301—2015）
特征画法			
规定画法			

续表

轴承类型	深沟球轴承 (GB/T 276—2013)	圆锥滚子轴承 (GB/T 297—2015)	推力球轴承 (GB/T 301—2015)
装配示意图	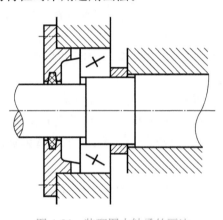		

在通用画法中,使用粗实线绘制的矩形框和十字形符号简单地表示滚动轴承。在不需要表示滚动轴承的外形轮廓、载荷特性、结构特征时采用通用画法。

在特征画法中,矩形框内十字形符号的方向及长短较形象地反映了轴承的结构特征和载荷特性。在需要较形象地表示滚动轴承的结构特征时采用特征画法。

在滚动轴承的规定画法中,其中一侧较形象地画出其结构特征和载荷特性,滚子按不剖画出,另一侧采用通用画法绘制。在滚动轴承的产品样图、样本、标准、用户手册和使用说明中可采用规定画法绘制。

在装配图中,轴承一般采用通用画法或特征画法,同一张图中应采用一种画法,如图 4-34 所示。

图 4-34 装配图中轴承的画法

知识储备 4.5 弹 簧

一、弹簧简介

弹簧是一种储能元件,广泛用于减振、测力、夹紧等。弹簧的类型有螺旋弹簧、蜗卷弹簧、碟形弹簧、板弹簧等,以螺旋弹簧最为常见。图 4-35 所示为圆柱螺旋弹簧,按承受载荷的不同分为压缩弹簧、拉伸弹簧和扭转弹簧。

二、弹簧的主要参数

下面以圆柱螺旋压缩弹簧为例,说明其主要参数,如图 4-36 所示。

(1)簧丝直径 d。制造弹簧所用钢丝的直径。

(2)弹簧外径 D_2。弹簧的最大直径。

(3)弹簧内径 D_1。弹簧的最小直径。

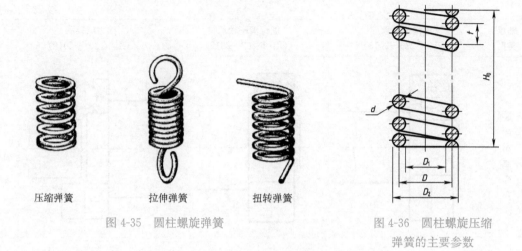

压缩弹簧	拉伸弹簧	扭转弹簧	

图 4-35　圆柱螺旋弹簧　　　　图 4-36　圆柱螺旋压缩
　　　　　　　　　　　　　　　　　　　　　　弹簧的主要参数

(4)弹簧中径 D。过簧丝中心假想圆柱面的直径，$D_2=(D+D_1)/2$。

(5)节距 t。相邻两有效圈上对应点间的轴向距离。

(6)圈数。弹簧中间保持正常节距部分的圈数称为有效圈数(n)；为使弹簧平衡、端面受力均匀，弹簧两端应磨平并紧，磨平并紧部分的圈数称为支承圈数(n_0)，有 1.5、2 及 2.5 圈三种。

弹簧的总圈数 $n_1=n+n_0$。

(7)自由高度 H_0。弹簧在自由状态下的高度。

(8)弹簧展开长度 L。即制造弹簧用的簧丝长度。

$$L \approx n_1 \sqrt{(\pi D_2)^2 + t^2}$$

(9)旋向。分为左旋和右旋两种。

三、弹簧的画法

国家标准(GB/T 4459.4—2003)对弹簧的画法作了规定。圆柱螺旋弹簧按需要可画成视图、剖视图及示意图，如图 4-37 所示。

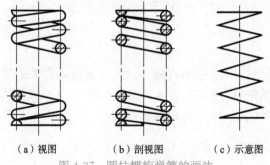

（a）视图　　　　　　（b）剖视图　　　　　　（c）示意图

图 4-37　圆柱螺旋弹簧的画法

1. 规定画法

(1)在平行于弹簧轴线的视图中，螺旋弹簧各圈的轮廓应画成直线。

(2)螺旋弹簧均可画成右旋，对必须保证的旋向要求应在技术要求中注明。

（3）有效圈数在四圈以上的螺旋弹簧中间部分可省略，此时允许适当缩短图形的长度。

（4）不论螺旋压缩弹簧的支承圈数多少和末端并紧情况如何，支承圈数按 2.5 圈、磨平圈数按 1.5 圈画出。

圆柱螺旋压缩弹簧的作图步骤如图 4-38 所示。

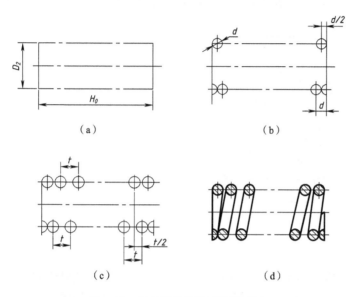

图 4-38　圆柱螺旋压缩弹簧的画法

2. 装配图中弹簧的画法

装配图中弹簧的画法如图 4-39 所示。画图时应注意以下几点：

（1）在装配图中，将弹簧看成一个实体，被弹簧挡住的结构一般不画出，可见部分应从弹簧的外轮廓线或从弹簧钢丝剖面的中心线画起，如图 4-39(a)所示。

（2）簧丝直径在图中小于或等于 2 mm 时，允许用示意图表示，如图 4-39(c)所示；当弹簧被剖切时，也可用涂黑表示，如图 4-39(b)所示。

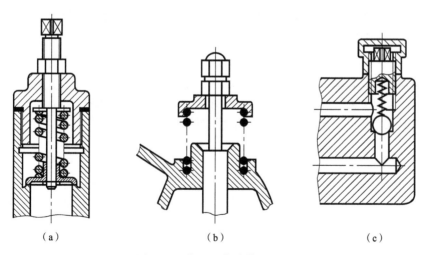

图 4-39　装配图中弹簧的画法

任务 4.1　螺栓连接的画法

任务描述

分析螺栓连接图中的错误,并在右侧画出正确的图形。

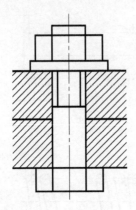

图 4-40　螺栓连接图

任务实施

按要求绘制螺栓连接,螺纹规格为 24 mm,被连接光孔件厚度 $t=40$ mm,螺孔件材料为铸铁,厚度为 60 mm。选用标准弹簧垫圈、1 型 A 级六角螺母。

任务 4.2　齿轮的画法

任务描述

画出圆柱齿轮零件图(见图 4-41),并注全尺寸(比例 1∶1)。

任务实施

- 步骤 1　选择绘图比例,确定图幅,绘制中心线、图框和标题栏。
- 步骤 2　用细点画线绘制定位基准线。
- 步骤 3　用细实线绘制零件外轮廓线。
- 步骤 4　绘制剖视图。
- 步骤 5　检查无误后,描深轮廓线,并对零件进行尺寸注写。
- 步骤 6　注写技术要求,填写标题栏,检查完成全图。

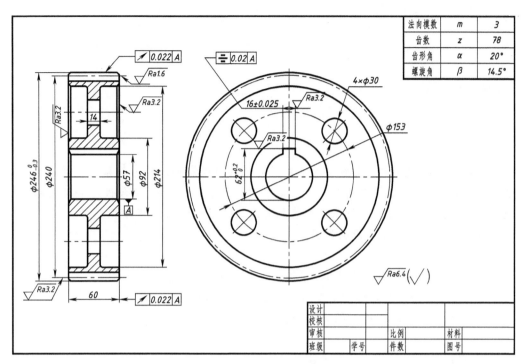

法向模数	m	3
齿数	z	78
齿形角	α	20°
螺旋角	β	14.5°

设计				
校核				
审核		比例	材料	
班级	学号	件数	图号	

图 4-41　齿轮

思 考 题

1. 螺栓连接、螺柱连接、螺钉连接分别应用在什么场合？
2. 简述滚动轴承代号的含义。

项目 ⑤ 装配图的绘制

机器或部件都是由一定数量的零件根据机器的性能和工作原理按一定的技术要求装配在一起的,这些零件之间具有一定的相对位置、连接方式、配合性质和装拆顺序等关系,这些关系统称为装配关系。按装配关系装配成的机器或部件统称为装配体,用来表达装配体结构的图样称为装配图。

【知识目标】

★ 了解装配图的作用和内容,掌握装配图的表达方法。

★ 了解装配结构的合理性,掌握装配图的尺寸标注。

★ 熟练掌握装配图绘制的方法和步骤。

【能力目标】

★ 掌握读装配图的方法和步骤。

★ 掌握部件测绘的方法和步骤。

知识储备 5.1　装配图的表达方法

一、装配图的视图选择

从装配图的作用出发,装配图与视图选择与零件图在表达重点和要求上有所不同。装配图的一组视图主要用于表达装配体的工作原理、装配关系和主要零件的结构形状。

表达装配关系包括:①构造,即装配体由哪些零部件组成;②各零件间的装配位置,装配体中常见许多零件依次装在一根轴上,这根轴线称为装配线,装配图要清楚地表达出每一条装配线;③相邻零件间的连接方式。

表达工作原理,是指装配图应反映出装配体是怎样工作的。装配体的功能通常通过某些零件的运动得以实现,装配图应表达出运动情况和传动路线以及每个零件在装配体中的功用。

表达基本结构形状,是指要将主要零件的结构形状表达清楚。由于装配图主要用于将已加工好的零件进行装配,而不是用来指导零件加工,所以装配图上不要求也不可能将所有零件的全部结构形状表达完整。

主视图一般应符合工作位置,工作位置倾斜时应自然放正。要选取反映主要或较多装配关系的方向作为主视图的投射方向。在主视图的基础上,选用一定数量的其他视图把工作原理、装配关系进一步表达完整,并表达清楚主要零件的结构形状。视图的数量根据装配体的复杂程度和装配线的多少而定。由于装配体通常有一个外壳,以表达工作原理和装配关系为主的视图,通常采用各种剖视,并大多通过装配线剖切。

图 5-1 所示为传动器的装配图。该装配体由座体、轴、齿轮、带轮、轴承等 13 种零件

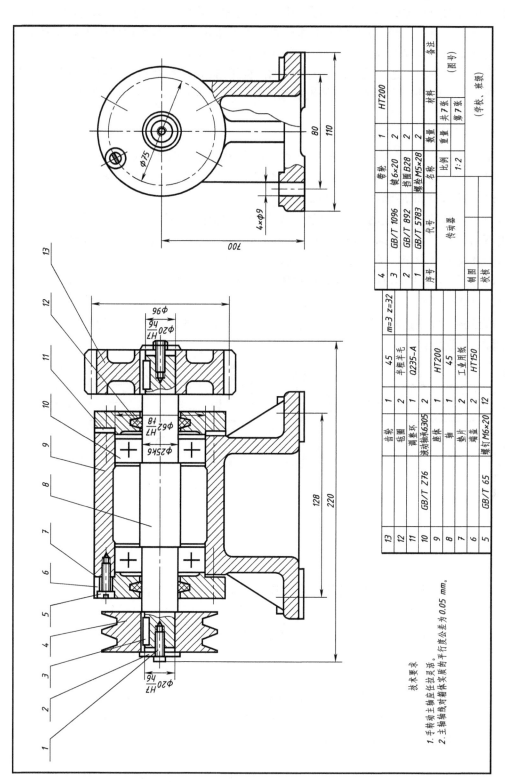

技术要求

1. 手转动主轴应转动灵活。
2. 主轴轴线对箱体基质的平行度公差为 0.05 mm。

13		盲盖	1	45			
12		毡圈	2	半粗毛毡			
11		调整环	1	Q235-A			
10	GB/T Z76	滚动轴承6305	2				
9		座体	1	HT200			
8		轴	1	45			
7		垫片	2	工业用纸			
6		端盖	2	HT150			
5	GB/T 65	螺钉M6×20	12				
4		带轮	1	HT200				备注
3	GB/T 1096	键6×20	2				
2	GB/T 892	挡圈B28	2				
1	GB/T 5783	螺栓M5×28	2				
序号	代号	名称	数量	材料			备注

						(图号)
	传动器					
制图			比例 1:2	重量	共7张	第7张
装校						(学校、班级)

m=3 z=32

图5-1　传动器装配图

组成,原动机通过 V 带驱动左侧带轮,而带轮和右侧的齿轮均通过普通平键与轴连接,从而将旋转动力从轴的一端传递到另一端。该装配图采用了主、左两个基本视图,由于传动器只有一条装配线,主视图按工作位置放置并采用全剖视,表达装配关系和基本形状。左视图采用局部剖视,进一步表达座体的形状及紧固螺钉的分布情况。

零件图的各种表达方法,如视图、剖视图、断面图、局部放大图及简化画法等对装配图同样适用。此外装配图还有一些规定画法和特殊表达方法,下面分别予以介绍。

二、装配图的规定画法

装配图的规定画法

装配图中,为了清楚地表达零件之间的装配关系,应遵循如下规定画法:

(1)两零件的接触面或配合面只画一条线。而非接触、非配合表面,即使间隙再小(公称尺寸不同),也应画两条线,如图 5-2 所示。

(2)相邻零件剖面线的方向应相反,或方向一致但间隔不等。而同一零件在不同部位或不同视图上取剖视时,剖面线的方向和间隔必须一致。如图 5-1 中的座体,在主、左视图中共有四个剖面区域,其剖面线的方向和间隔应相同。

(3)对一些标准件(如螺栓、螺母、垫圈、键、销等)及实心件(如轴、杆、球等),若剖切平面通过其轴线平面剖切,这些零件应按不剖绘制,如图 5-1 所示。当这些零件有局部的内部结构需要表达时,可采用局部剖视,如图 5-1 中轴的两端用局部剖表达了轴与螺钉、键的连接情况。

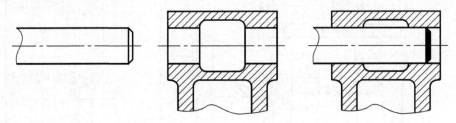

图 5-2 接触面与非接触面画法

三、装配图的特殊表达方法

(一)拆卸画法

装配图的特殊画法

在装配图的某一视图中,当某些零件遮住了需要表达的结构,或者为避免重复,简化作图,可假想将某些零件拆去后绘制。采用拆卸画法时,为避免误解,在相应视图上方加注"拆去××",拆卸关系明显,不至于引起误解时,也可不加标注。如图 5-1 中的左视图拆去了零件 1、2、3、4、13 等。

(二)沿结合面剖切画法

在装配图中,可假想沿某些零件结合面剖切,结合面上不画剖面线。如图 5-3 中右视图沿泵盖与垫片的结合面剖切,相当于拆去泵盖,不同的只是螺栓、销连接处属横向剖切,它们的断面要画剖面线。

(三)单件画法

装配图中,当某个主要零件的形状未表达清楚时,可以单独画出该零件的视图。这时应在该视图上方注明零件及视图名称,如图 5-3 中的"泵盖 B"。

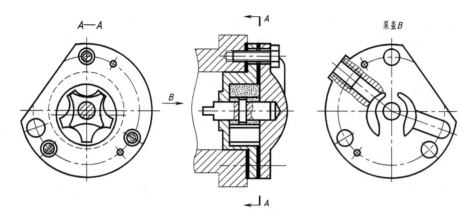

图 5-3　装配图的特殊表达方法

(四)夸大画法

在装配图中,对一些薄、细、小零件或间隙,若无法按其实际尺寸画出时,可不按比例而适当地夸大画出,图中厚度或直径小于 2 mm 的薄、细零件的剖面符号可涂黑表示,如图 5-1、图 5-3 中的垫片。

(五)假想画法

为了表示运动件的运动范围或极限位置,可用双点画线假想画出该零件的某些位置,如图 5-4 中手柄的运动极限位置。

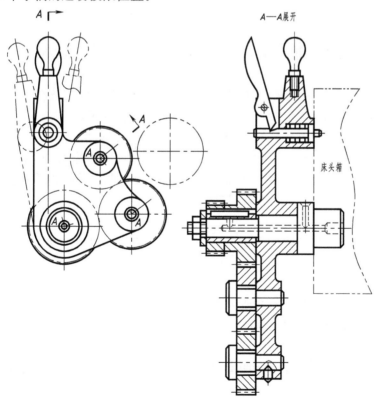

图 5-4　假想画法和展开画法

为了表示与装配体有装配关系但又不属于本部件的其他相邻零部件时,也可采用假想画法,将其他相邻零部件用双点画线画出外形轮廓,如图 5-4 中床头箱的外形轮廓。

(六)展开画法

当传动机构中各轴系的轴线不在同一平面上时,为了表达传动路线和装配关系,可假想沿传动路线上各轴线顺序剖切,然后展开在一个平面上,画出其剖视图(复合旋转剖视),并标注"×—×展开",如图 5-4 中的"A—A 展开"图。

四、装配图的简化画法

(1)在装配图中,零件的倒角、圆角、凹坑、凸台、沟槽、滚花、刻线及其他细节等可省略不画。螺栓、螺母头部的倒角曲线也可省略不画,如图 5-3 和图 5-4 所示。

(2)在装配图中,对于若干相同的零件或零件组,如螺纹紧固组件,可仅详细地画出一处,其余只需用细点画线表示出其中心位置,如图 5-1 中的螺钉连接及图 5-3 中的螺栓。

装配图的简化画法

知识储备 5.2　装配图的尺寸标注及其他

一、装配图的尺寸标注

装配图的作用与零件图不同,图中不需要注出各零件的所有尺寸,一般只需标注下列几类尺寸:

1. 特性尺寸

表明装配体的性能和规格的尺寸。如图 5-1 传动器的中心高 100。

2. 装配尺寸

(1)配合尺寸。在装配图中,所有配合尺寸应在配合处注出其公称尺寸和配合代号。如图 5-1 所示,轴与带轮、齿轮的配合尺寸 $\phi20H7/h6$,座体与端盖的配合尺寸 $\phi62H7/f7$,滚动轴承的内孔与轴、外圆与座体孔也都是配合关系,但由于滚动轴承是标准件,图中只需注出公称尺寸和非标准件的公差代号,如图中的 $\phi25k6$ 和 $\phi62K7$。

(2)较重要的定位尺寸。指装配时或拆画零件图时需要保证的零件间较重要的相对位置尺寸。图 5-1 中螺钉的分布圆直径 $\phi75$。

3. 安装尺寸

是指装配体安装时所需的尺寸。如图 5-1 所示座体底板上安装孔的定形尺寸 $4\times\phi9$ 及定位尺寸 128、80。

4. 外形尺寸

指反映装配体的总体大小和所占空间的尺寸,为装配体的包装、运输及安装布置提供依据。如图 5-1 中的装配体总长 219、总宽 110。

5. 其他重要尺寸

必要时还可注出不属于上述四类尺寸的其他重要尺寸,如在设计中经过计算确定的尺寸。

上述五类尺寸,在一张装配图中不一定都具备,有时一个尺寸兼有几种作用,标注时应根据装配体的结构和功能具体分析。

二、装配图的技术要求

装配图的技术要求一般包括以下三个方面：

1. 装配要求

指装配过程中的注意事项，装配后应达到的要求。

2. 检验要求

对装配体基本性能的检验、试验、验收方法的说明。

3. 使用要求

对装配体的性能、维护、保养、使用注意事项的说明。

由于装配体的性能、用途各不相同，因此其技术要求也不相同，应根据具体情况拟定。用文字说明的技术要求注写在标题栏上方或图样下方空白处，如图 5-1 所示。

三、零部件序号的编写

为了便于看图和生产管理，装配图中所有的零部件必须编写序号。相同的零部件用一个序号，一般只标注一次。序号编写方法如下：

（1）序号用指引线引到视图之外，端部画一水平线或圆，序号数字比尺寸数字大一号［见图 5-5（a）］或大两号［见图 5-5（b）］，指引线、水平线和圆均用细实线绘制。也可直接将序号注在指引线附近，序号比尺寸数字大两号［见图 5-5（c）］。同一装配图中应采用同一种形式。

（2）指引线从被注零件的可见轮廓内引出，引出端画一小圆点，当不便画圆点时（如零件很薄或为涂黑的剖面），可用箭头指向该零件的轮廓，如图 5-5（d）所示。

（3）为避免误解，指引线不得相互交叉，当通过有剖面线的区域时，不要与剖面线重合或平行，如图 5-5（d）所示。必要时可将指引线画成折线，但只允许折一次。

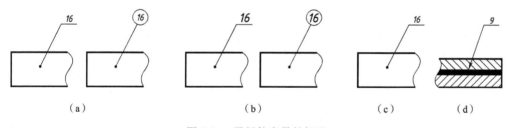

图 5-5　零部件序号的标注

（4）一组紧固件以及装配关系清楚的零件组，可以采用公共指引线，如图 5-6 所示。

（5）序号应沿水平或竖直方向排列整齐，并按顺时针或逆时针方向依次编写。

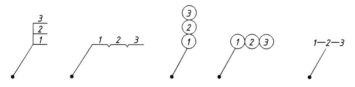

图 5-6　公共指引线

四、明细栏和标题栏

装配图中应画出标题栏和明细栏。明细栏一般绘制在标题栏上方，按由下而上的顺序填写，当延伸位置不够时，可紧靠在标题栏的左边自下而上延续。

明细栏的内容一般包括图中所编各零部件的序号、代号、名称、数量、材料和备注等。明细栏中的序号必须与图中所编写的序号一致，对于标准件，在代号一栏要注明标准号，并在名称一栏注出规格尺寸，标准件的材料无特殊要求时可不填写。

手工制图作业中，装配图的标题栏和明细栏可采用图 5-7 所示的格式。

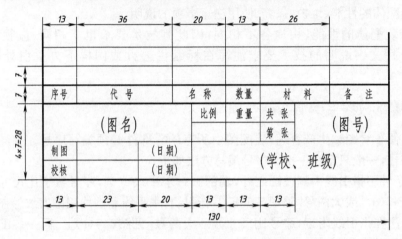

图 5-7　装配图的标题栏和明细栏

知识储备 5.3　画 装 配 图

一、零件可见性的处理

装配体由若干标准件和非标准件按一定的位置关系装配而成，除少数柔性材料的零件（如密封填料）外，大部分零件为刚性材料，它们在装配体中仍保持各自的形状，即零件的独立性。零件装配在一起，相互之间会产生遮挡，即零件的可见性。为保证清晰，装配图中应省略不必要的虚线。

为了正确区分可见性，画装配图时应采用"分层绘制"的原则。包含型结构的剖视图应自内向外绘制，外层零件进入内层零件轮廓范围以内的部分不可见，如图 5-8(a)所示；包含型结构外形视图的画图顺序与剖视图恰恰相反，如图 5-8(b)所示。绘制叠加型结构的视图时，应由看图方向自近层向远层绘制，远层零件进入近层零件轮廓范围以内的部分不可见，如图 5-8(c)所示。

此外，对于一些标准件和常用件的连接结构，如螺纹连接、花键连接、齿轮啮合、弹簧的装配结构等，应遵循标准件所述的规定画法。

二、画装配图的方法和步骤

画装配图分为两种情况：设计和测绘。设计时根据设计意图先画装配图，再拆画零件图;测绘时则根据零件草图拼画装配图。

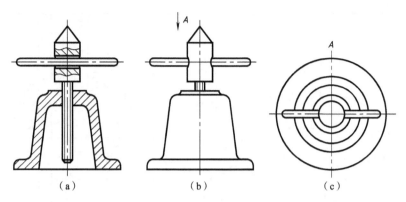

（a）　　　　　　　　（b）　　　　　　　　（c）

图 5-8　零件的可见性

下面以齿轮泵为例说明画装配图的步骤。

(1)了解装配体,确定表达方案。图 5-9 所示齿轮泵的装配图如图 5-10 所示。主视图按工作位置放置,并采用全剖视,以表达齿轮泵的工作原理和主动轴、从动轴两条装配线。在主视图的基础上,左视图采用沿结合面剖切的半剖视图,进一步表达了泵体、泵盖的外形及定位销和连接螺钉的分布情况,还表达了两个齿轮与泵体内腔的配合结构。

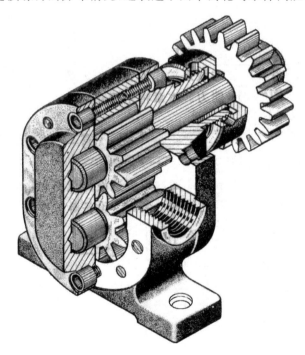

图 5-9　齿轮泵

(2)选择比例和图幅。

(3)布置视图。画图框、标题栏和明细栏(可先仅画外框);画出各视图的中心线、轴线、端线等作图基准线布置视图。布置视图时应注意留足标注尺寸及零件序号的空间,如图 5-11(a)所示。

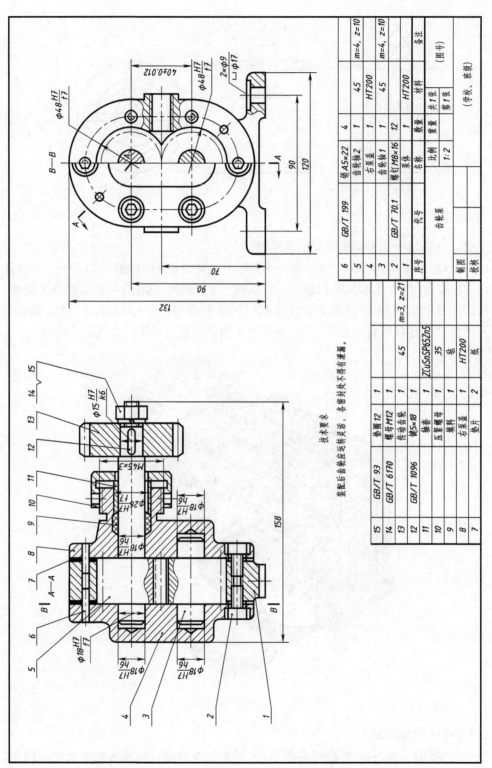

技术要求

装配后齿轮应运转灵活，各密封处不得有渗漏。

图5-10 齿轮泵装配图

6	GB/T 199			销 A5×22	4		45		m=4, z=10
5				齿轮轴2	1		HT200		
4				右泵盖	1		45		
3				齿轮轴1	1		45		m=4, z=10
2	GB/T 70.1			螺钉 M8×16	12		HT200		
1				泵体	1		HT200		备注
序号	代号			名称	数量	重量	材料		(图号)
			比例	1:2				共1张	
			齿轮泵					第1张	
制图									
装校							(学校、班级)		

15					1				
14	GB/T 93			垫圈 12	1				
13	GB/T 6170			螺母 M12	1				
12	GB/T 1096			键 5×18	1		45		
11				传动齿轮	1				m=3, z=21
10				轴套	1		ZCuSn5P6Zn5		
9				压紧螺母	1		35		
8				填料	1		毡		
7				左泵盖	1		HT200		
				垫片	2		纸		

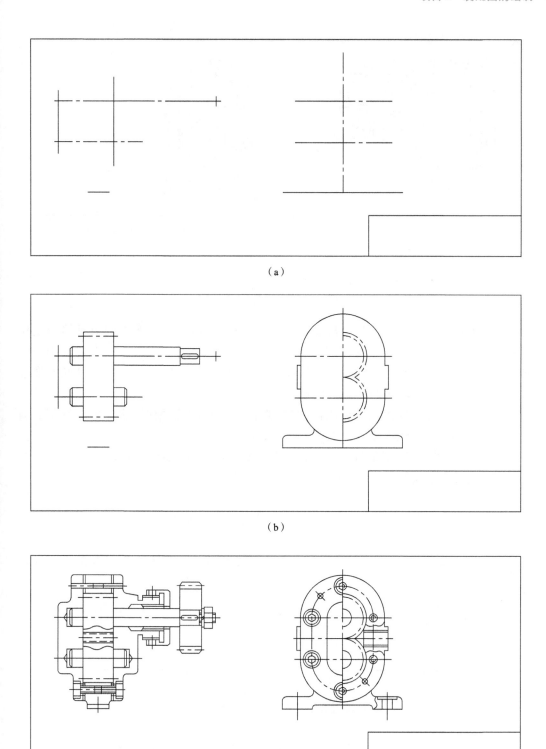

图 5-11　装配图的画图步骤

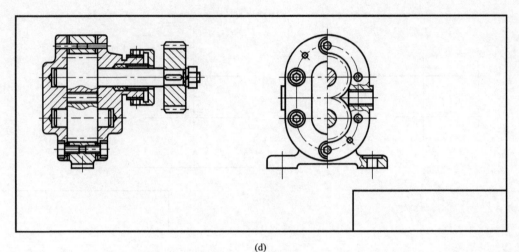

(d)

图 5-11　装配图的画图步骤(续)

　　(4)画视图底稿。装配图一般比较复杂,为方便零件定位,一般先画对整体起定位作用的大的基准件(如泵体)轮廓,即先大后小;先画主要结构轮廓,后画次要及细部结构,即先主后次。画出基准件,确定了所要表达的装配线后,应按照前述可见性顺序逐一画出其他零件,如图 5-11(b)、(c)所示。

　　(5)检查、描深。底稿完成后,需经校核修正再加深,画剖面线,注意各零件剖面线的方向和间隔要符合装配图的要求,如图 5-11(d)所示。

　　(6)标注尺寸,编写零部件序号,注写技术要求,填写明细栏和标题栏,完成全图。完成后的齿轮泵装配图见图 5-10。

知识储备 5.4　读装配图和拆画零件图

　　在机器设备的设计、制造、安装、维修及进行技术交流时,都需要阅读装配图。通过读装配图,要了解以下内容:

　　(1)装配体的性能、用途和工作原理。

　　(2)各零件间的装配关系和拆装顺序。

　　(3)各零件的基本结构形状及作用。

一、读装配图的方法和步骤

　　下面以图 5-12 为例,说明读装配图的方法和步骤。

(一)概括了解

　　首先看标题栏,了解装配体名称、画图比例等;看明细栏及零件编号,了解装配体由多少种零部件构成,哪些是标准件;粗看视图,大致了解装配体的结构形状及大小。

　　图 5-12 所示装配体为机用虎钳,是一种通用夹具。机用虎钳共有 11 种零件,其中 3 种为标准件,主要零件有固定钳身、活动钳身、螺杆、螺母等,绘图比例为 1∶2。

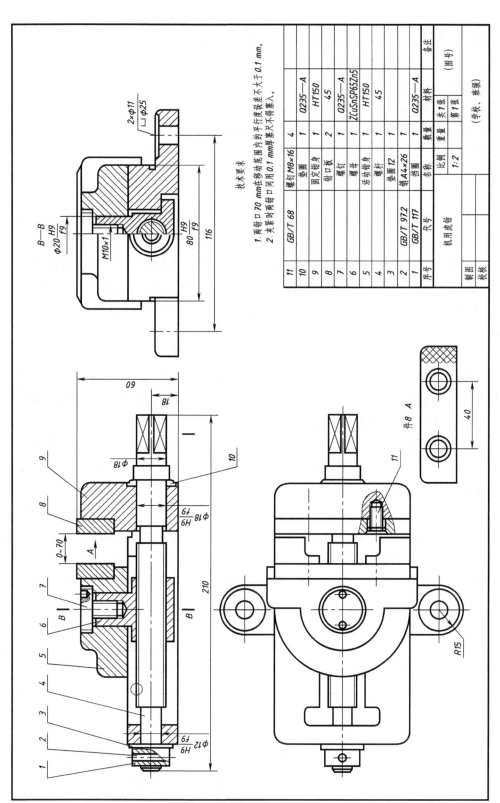

图5-12 机用虎钳装配图

技术要求

1. 两钳口 70 mm在移动范围内的平行度误差不大于 0.1 mm。
2. 夹紧时两钳口间用 0.1 mm厚塞只不得塞入。

11		螺钉M8×16	4	Q235—A	
10		垫圈	1	HT150	
9		固定钳身	2	45	
8		钳口板	1	Q235—A	
7		螺钉	1	ZCuSnP65Zn5	
6		螺母	1	HT150	
5		活动钳身	1	45	
4		螺杆	1		
3		垫圈 12	1		
2	GB/T 97.2	销 A4×26	1		
1	GB/T 117	挡圈	1	Q235—A	
序号	代号	名称	数量	材料	备注

			重量	共 1 张	
	机用虎钳		比例	第 1 张	(图号)
			1:2		
制图				(学校、班级)	
校核					

(二)分析视图

通过视图分析,了解装配图选用了哪些视图,搞清各视图之间的投影关系、视图的剖切方法以及表达的主要内容等。

机用虎钳选用了3个基本视图。主视图采用全剖视,表达了装配体的主要装配关系和连接方式;俯视图主要表达固定钳身和活动钳身的外形,采用局部剖视,表达了钳口板与固定钳身间的螺钉连接结构;左视图采用了半剖视,剖视图侧主要表达固定钳身与活动钳身、螺母、螺杆之间的装配连接关系,视图侧主要表达固定钳身和活动钳身的部分外形。除基本视图外,A 向局部视图表达钳口板的外形。

(三)分析装配线,明确装配关系和工作原理

分析装配关系是读装配图的关键,应搞清各零件间的位置关系,相关联零件间的连接方式和配合关系,并分析出装配体的装拆顺序。

通过机用虎钳的主视图,可以看到以螺杆为主的一条装配干线,固定钳身、螺杆、螺母、活动钳身及垫圈、挡圈、圆锥销等沿螺杆轴线依次装配。通过主、左视图,可以看到以螺母为主的另一条装配线,螺杆、螺母、活动钳身及螺钉沿螺母对称线依次装配。

通过对机用虎钳两条装配线的分析可知,固定钳身为基础件,螺杆做旋转运动时,螺母带动活动钳身作往复直线运动,实现工件的夹紧或松开,钳口的最大开度由螺母左端与固定钳身左侧内壁接触时的极限位置决定,螺母下端的凸肩与固定钳身内侧凸台的下端接触,以承受活动钳身夹紧时的侧向力。

螺杆与固定钳身左、右内孔的配合尺寸分别为 $\phi12H9/f9$ 和 $\phi18H9/f9$,固定钳身与活动钳身的配合尺寸为 $\phi80H9/f9$,螺母与活动钳身的配合尺寸为 $\phi20H9/f9$,四处配合均为基孔制间隙配合。

机用虎钳的装配顺序是:先用螺钉11将钳口板8紧固在固定钳身9和活动钳身5上,将螺母6放在固定钳身的槽中,然后将套上垫圈10的螺杆4先后装入固定钳身9和螺母6的孔中,再在螺杆左端装上垫圈3、挡圈1,配作锥销孔并装入圆锥销2,最后将活动钳身5的内孔对准螺母上端圆柱装在固定钳身上,用螺钉7旋紧。机用虎钳的拆卸顺序与上述过程相反。

(四)分析零件

分析零件时,一般可按零部件序号顺序分析每一零件的结构形状及在装配体中的作用,主要零件要重点分析。分析某一零件形状时,首先要从装配图的各视图中将该零件的投影正确地分离出来。分离零件的方法,一是根据视图之间的投影关系,二是根据剖面线进行判别。对所分析的零件,通过零部件序号和明细栏联系起来,从中了解零件的名称、数量、材料等。

例如图 5-12 所示机用虎钳中的零件 6,在主视图上根据剖面线可把它从装配图中分离出来,再根据投影关系和剖面线方向找出左视图中的对应投影,可知其基本形状为上圆下方,底部有倒 T 形凸肩,中间有螺纹孔,牙型与螺杆外螺纹相同,顶部中心有 M10×1 螺纹孔。查明细栏可知其名称为螺母,材料为铸造锡青铜,牌号为 ZCuSn5Pb5Zn5。

它的作用是与螺杆旋合并带动活动钳身移动。

(五)归纳总结

通过以上分析,综合起来对装配体的装配关系、工作原理、各零件的结构形状及作用有一个完整、清晰的认识,并想象出整个装配体的形状和结构。机用虎钳的轴测图如图 5-13 所示。

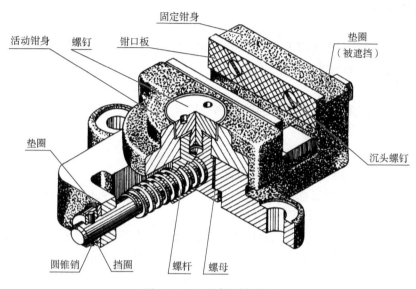

图 5-13　机用虎钳轴测图

以上所述是看装配图的一般方法和步骤,实际读图时这些步骤不能截然分开,而是交替进行,综合认识,不断深入。

二、由装配图拆画零件图

产品设计过程中,一般先画出装配图,然后再根据装配图画出零件图。因此,由装配图拆画零件图是设计过程中的一个重要环节。

拆画零件图时首先要全面看懂装配图,将所要拆画的零件的结构、形状和作用分析清楚,然后按零件图的内容和要求选择表达方案,画出视图,标注尺寸及技术要求。由装配图拆画零件图要注意以下几个问题。

(一)表达方案的确定

拆画零件图时,零件的表达方案不能简单照抄装配图上该零件的表达模式,因为装配图的表达方案是从整个装配体来考虑的,很难符合每个零件的要求,因此在拆画零件图时应根据零件自身的加工、工作位置及形状特征选择主视图,综合其形状特点确定其他视图数量及表达方法。

(二)零件结构形状的完善

零件上的一些工艺结构,如倒角、退刀槽、圆角等,在装配图上往往省略不画,但在画零件图时应根据工艺要求予以完善。

由于装配图主要用于表达装配关系和工作原理,因此对某一零件,特别是形状复杂的零件往往表达不全,这时需要根据零件的功用,合理地加以完善和补充。

(三)零件尺寸的确定

装配图上对单个零件的尺寸标注不全,拆画零件图时,则应按零件图的尺寸标注要求,完整、清晰、合理地进行标注。由装配图确定零件尺寸的方法通常有:

1. 抄注

装配图上已注出的尺寸必须抄注。配合尺寸应根据配合代号注出相应零件的公差带代号或极限偏差。

2. 查表

对于标准件、标准结构以及与它们有关的尺寸应从相关标准中查取。如螺纹、键槽、与滚动轴承配合的轴和孔的尺寸等。

3. 计算

某些尺寸须计算确定,如齿轮的轮齿部分尺寸及中心距、涉及装配尺寸链的各组成环尺寸等。

4. 量取

零件的其他尺寸可按比例直接从装配图上量取。

标注尺寸时,应特别注意各相关零件间尺寸的关联性,避免相互矛盾。

(四)零件图上技术要求的确定

根据零件在机器上的作用及使用要求,合理地确定各表面的表面结构要求、尺寸公差、几何公差以及其他技术要求,也可参考有关资料或类似产品的图样,采用类比的方法确定。

图 5-14 所示为根据图 5-12 拆画的机用虎钳固定钳身的零件图。

任务　台虎钳装配图的绘制

任务描述

绘制图 5-15 所示的台虎钳的装配图。

任务实施

▶ 步骤 1　熟悉台虎钳的工作原理,掌握台虎钳装配图的表示方法。根据装配体的名称,对照相应零件图的序号,初步了解各零件(见图 5-16)的作用和位置,区分一般零件和标准件,对装配体的功能粗略分析。

▶ 步骤 2　确定表示方案,选择主视图及其他视图。

▶ 步骤 3　合理布图。先画出各视图的作图基准线。

▶ 步骤 4　拟定画装配图的作图顺序,一般从主视图开始,由内而外逐个画出各零件的投影。

▶ 步骤 5　标注尺寸,填写技术要求,编写序号和明细栏,如图 5-17~5-21。

▶ 步骤 6　作图完成后,认真校对,进行全面修正。

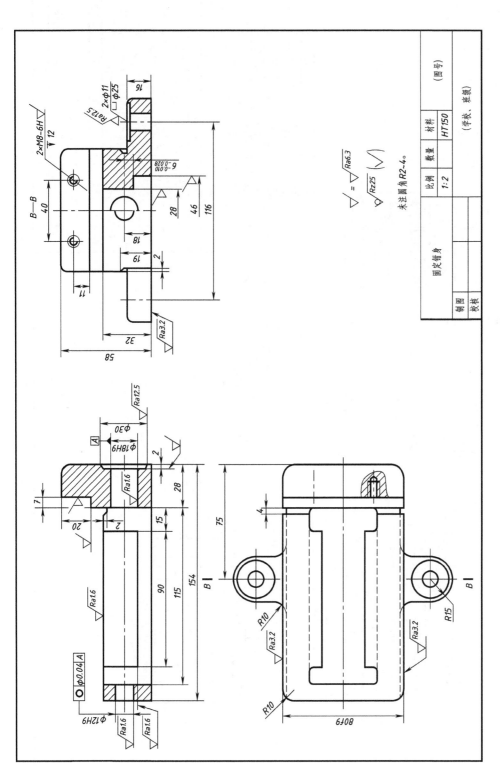

图5-14 固定钳身零件图

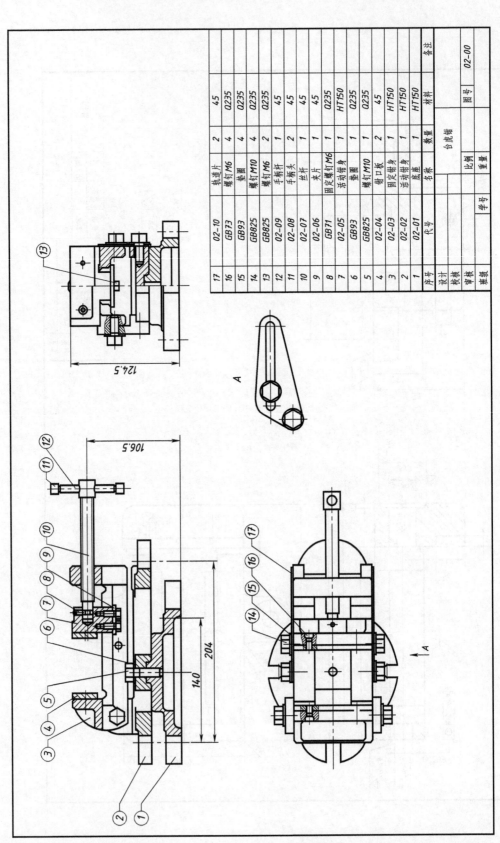

序号	代号	名称	数量	材料	备注
17	02-10	轨道片	2	45	
16	GB73	螺钉M6	4	Q235	
15	GB93	垫圈	4	Q235	
14	GB825	螺钉M10	4	Q235	
13	GB825	螺钉M6	2	Q235	
12	02-09	手柄杆	1	45	
11	02-08	手柄头	2	45	
10	02-07	丝杆	1	45	
9	02-06	夹片	1	45	
8	GB71	固定螺钉M6	1	Q235	
7	02-05	活动钳身	1	HT150	
6	GB93	垫圈	1	Q235	
5	GB825	螺钉M10	2	Q235	
4	02-04	钳口板	2	45	
3	02-03	固定钳身	1	HT150	
2	02-02	活动钳身	1	HT150	
1	02-01	底座	1	HT150	

台虎钳

设计　　　　比例　　　图号　02-00
校核　　　　重量
审核
班级　　　　学号

图5-15 台虎钳装配图

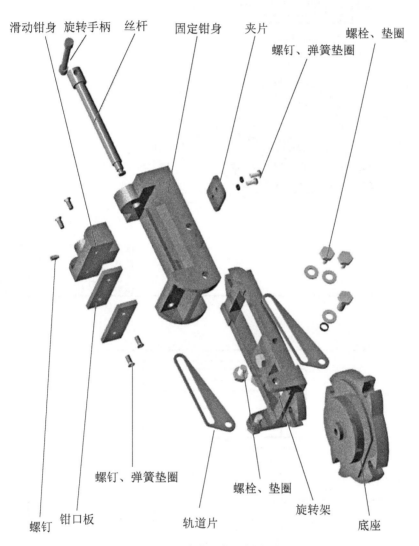

滑动钳身　旋转手柄　丝杆　　固定钳身　夹片　　　　螺栓、垫圈

螺钉、弹簧垫圈

螺钉、弹簧垫圈

螺钉　钳口板　　　　　轨道片　　螺栓、垫圈　旋转架　底座

图 5-16　台虎钳装配爆炸图

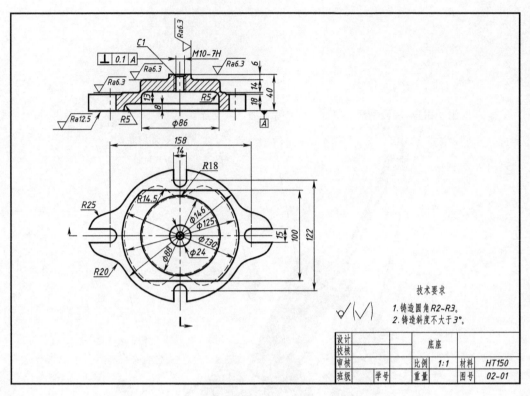

图 5-17 底座

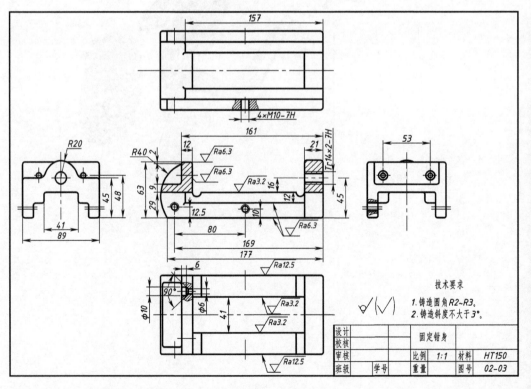

图 5-18 固定钳身

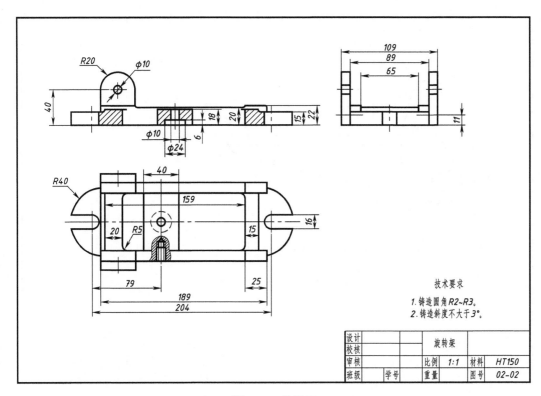

图 5-19　旋转架

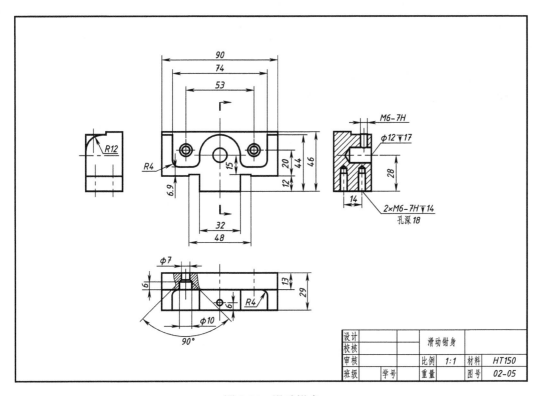

图 5-20　滑动钳身

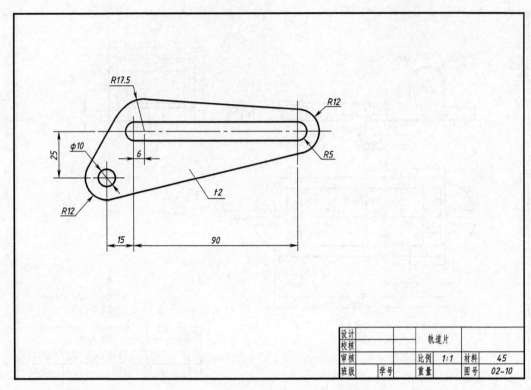

图 5-21　轨道片

思　考　题

1. 简述由已知零件图拼绘装配图的步骤和方法。
2. 在画装配图时,主视图的选择原则是什么?

项目 6 AutoCAD绘图环境设置

AutoCAD 是由美国 Autodesk 公司开发的计算机辅助绘图与设计通用软件包，可以帮助用户绘制二维图形和三维图形。AutoCAD 是一款功能强大的工程绘图软件，使用该软件可以精确、快速地绘制各种图形，因此被广泛应用于机械、建筑、电子、服装和广告设计等行业。本项目将重点介绍 AutoCAD 2016 软件的基本功能、用户界面以及图形文件管理的相关方法，为下面进一步学习该软件打下坚实的基础。

【知识目标】

★ 认知 AutoCAD 2016 的操作界面。

★ 熟悉设置工作环境和制定工具栏的基本操作。

★ 了解图层的功能，掌握图层的基本操作方法。

【能力目标】

★ 能够新建、保存、打开和关闭 CAD 文件，并设置便于操作的工作界面。

★ 能够缩放、平移、选择和删除图形对象。

★ 能够根据需要创建合理的图层，并对所创建的图层进行修改和删除等操作。

知识储备 6.1 AutoCAD 2016 系统的用户界面

一、AutoCAD 2016 的工作空间

在启动 AutoCAD 2016 后，软件将默认进入"草图与注释"工作空间，此时，AutoCAD 界面组成各部分的名称如图 6-1 所示。

二、AutoCAD 2016 工作空间的切换

AutoCAD 2016 有"草图与注释""三维基础""三维建模""自定义"等多种工作空间模式。要在各种工作空间模式中进行切换，只需单击快速访问工具栏中的空间名称，在下拉列表中选中相应的空间即可，如图 6-2 所示。

三、命令的调用、终止、重复操作

(1)AutoCAD 调用命令的方式有三种：

①选择下拉菜单或快捷菜单中的命令。

②单击工具栏中对应的图标。

③利用键盘输入命令。

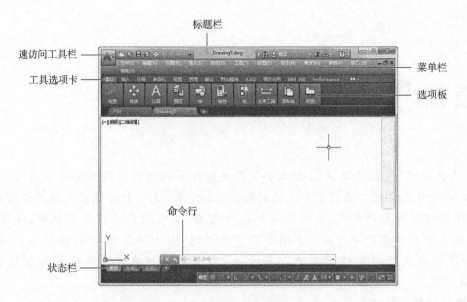

图 6-1　草图与注释工作空间

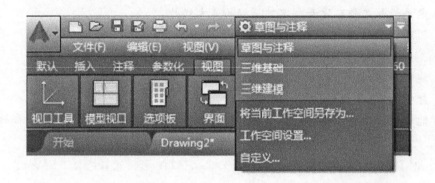

图 6-2　工作空间模式切换

(2)终止命令:按[Esc]键,也可右击,在弹出的快捷菜单中选择"取消"命令,或者在菜单或工具栏调用另一命令,则当前操作终止。

(3)重复调用命令:按[Enter]键或[Space]键重复上一次结束的命令。或在绘图区右击,在弹出的快捷菜单中选择"最近的输入"或"近期使用的命令"子菜单中需要的命令。

四、文件的新建、保存和关闭

(1)开始一张新图的步骤:单击快速访问工具栏中的"新建"按钮▢,弹出"选择样板"对话框,如图 6-3 所示,系统进入绘图界面,未保存前系统默认的图形文件名为Drawing1.dwg。

(2)保存一张图的步骤:单击快速访问工具栏中的"保存"按钮▤,也可按【Ctrl+S】组合键完成存盘操作,如图 6-4 所示。

(3)关闭文件和退出系统,如图 6-5 所示。

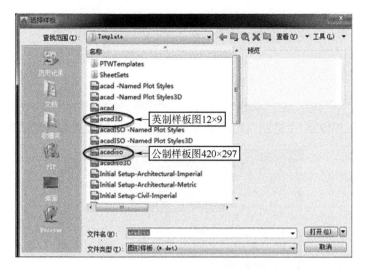

图 6-3　"选择样板"对话框

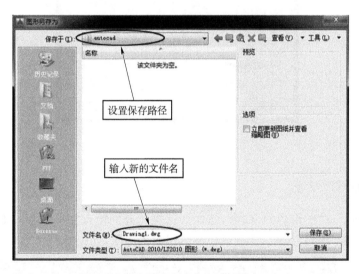

图 6-4　"图形另存为"对话框

图 6-5　关闭文件，退出系统

知识储备 6.2　绘图参数设置

一、绘图单位设置

选择"格式"→"单位"命令，弹出"图形单位"对话框，如图 6-6 所示。AutoCAD 2016 在默认状态下的图形单位是"十进制"，用户也可以根据需要设置长度和角度的单位及其精度。

图 6-6　"图形单位"对话框

二、设置绘图界限

选择"格式"→"图形界限"命令，按命令行提示分别输入左下角和右上角点坐标后，单击状态栏中的"栅格"按钮，可直观地显示出绘图界限，如图 6-7 所示。

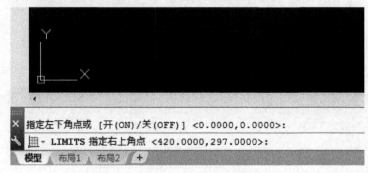

图 6-7　绘图界限设置

知识储备 6.3　绘图界面的定制

绘图界面的定制就是将隐藏的工具栏和命令图标显示出来。

一、工具栏的调用

如果要显示当前隐藏的工具栏,可在任意工具栏上右击,此时将弹出一个快捷菜单,通过选择命令可以显示或关闭相应的工具栏,如图 6-8 所示。

二、工具栏中常用命令的定制

下面将"圆,相切、相切、半径"命令添加到"绘图"工具栏中为例,介绍向工具栏中添加命令的方法。

选择"视图"→"工具栏"命令,打开"自定义"→"界面"对话框,如图 6-9 所示。

图 6-8　工具栏快捷菜单　　　　　　　　图 6-9　"自定义用户界面"对话框

单击"命令列表"下拉按钮,选择"绘图",显示图 6-9 所示的选项,选择"圆,相切、相切、半径"图标,同时移动光标,将"圆,相切、相切、半径"图标拖动到"绘图"工具栏的适当位置,释放左键,即可将"圆,相切、相切、半径"图标添加到"绘图"工具栏中。

知识储备6.4　图　层　设　置

图层的设置

图层相当于没有厚度的透明胶片，一般情况下，一张完整的图样是由多个图层完全叠加在一起组成的，任何图形对象均是绘制在图层上的。所以建立新图层是绘图所必需的，在绘制图形前用户应该根据绘图标准进行图层的设置。

一、图层的建立

每个新图自动创建名为"0"的图层。

除了默认的0图层外，其他图层都需要在绘图中创建，默认情况下，新建的图层将继承上一图层的特性。AutoCAD的图层特性包括图层的开、冻结、锁定、颜色、线型、线宽等，创建新图层后可以重新设置新图层的各种特性。

1. 创建新图层

选择"格式"→"图层"命令，或单击"图层"工具栏中的"图层特性管理器"图标📚，打开图 6-10 所示的"图层特性管理器"对话框。单击"新建"按钮，对话框的右侧部分会出现一个新建的图层，可根据需要修改图层的名称，如图 6-11 所示。

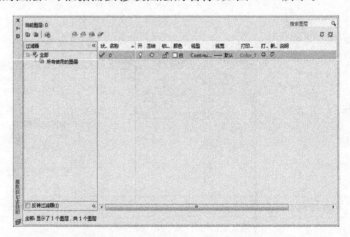

图 6-10　"图层特性管理器"对话框

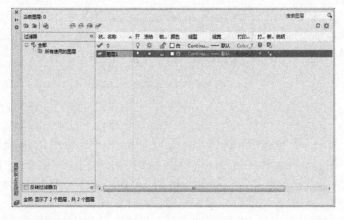

图 6-11　新建图层

小贴士：图层名最多可以有 255 个字符，这些字符可以由数字、字母、空格及符号组成，但不能使用如＜、＞、/、\、"、?、*、|、＝等。

2. 指定图层颜色

新建图层后，在该图层上绘制的图形对象的颜色都默认为图层的颜色。

在"图层特性管理器"对话框中单击"颜色"特性图标□ 白 ，弹出图 6-12 所示的"选择颜色"对话框，在其中即可设置图层的颜色特性。在该对话框中选中相应的颜色图标后，单击"确定"按钮即可。

在机械制图中，为了区分不同的对象，通常是将图层设置为不同的颜色，这些颜色都是在 AutoCAD 提供的 7 种标准颜色中选择，即红色、黄色、绿色、青色、蓝色、洋红色和白色。

3. 指定图层线型

在"图层特性管理器"对话框中单击"线型"特性图标，弹出图 6-13 所示的"选择线型"对话框，在其中即可设置图层的线型特性。由于系统默认只加载了 Continuous 线型，因此要使用其他线型，还需要加载新的线型。

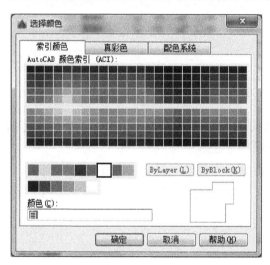

图 6-12　"选择颜色"对话框　　　　　图 6-13　"选择线型"对话框

在"选择线型"对话框中单击"加载"按钮，弹出图 6-14 所示的"加载或重载线型"对话框，在"可用线型"列表框中选择所需的线型，然后单击"确定"按钮返回到"选择线型"对话框。在"选择线型"对话框中再次选中加载的线型后，单击"确定"按钮即可。应注意在设置线型前，应先选中需设置线型的图层，然后再选择所需的线型。

小贴士：机械制图中常用线型包括中心线（CENTER）、虚线（HIDDEN）。

4. 确定图层线宽

在 AutoCAD 中用户可以为每个图层的线条设置实际的线宽，从而使图形中的线条保持固定的宽度，用户为不同的图层定义线宽之后，无论在图形预览还是打印输出时，这些线宽均是实际显示的。

设置线宽可在"图层特性管理器"对话框中进行,在该对话框中单击图层列表框中的"线宽"列,弹出"线宽"对话框,如图 6-15 所示,在"线宽"列表框中列出了一系列可供用户选择的线宽,选择某一线宽后,单击"确定"按钮,即可将线宽值赋给所选图层。

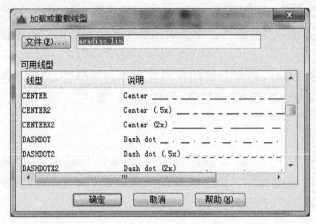 

图 6-14 "加载或重载线型"对话框　　　　图 6-15 "线宽"对话框

二、图层的管理

1. 当前图层的设置

在当前图层上绘制的图形对象,将默认继承当前图层的属性。当前图层的状态信息显示在"对象特性"工具栏中,可通过以下两种方法来设置当前图层:

(1)在"图层特性管理器"对话框中选择需置为当前层的图层,单击 按钮。

(2)单击"图层"工具栏"下拉列表框"的下拉按钮,显示图 6-16 所示的下拉列表,选择"轮廓线"即可将图层改变到"轮廓线"层,如图 6-17 所示。

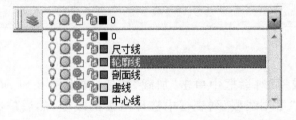

图 6-16 "图层"工具栏下拉列表

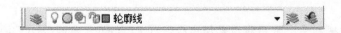

图 6-17 "图层"工具栏

2. 改变对象所在的图层

在实际的绘图中,如果绘制完某一图形元素后,发现该元素并没有绘制在预先设置的图层上,可选中该图形元素,在"图层"工具栏"下拉列表框"中选择预先设置好的图层,即可改变对象所在的图层。

3. 设置图层特性

在"图层特性管理器"对话框中,每个图层都包含"状态""名称""打开/关闭""冻结/解冻""锁定/解锁""线型""颜色""线宽""打印样式"等特性。用户可根据具体情况进行设置。

控制图层的"打开/关闭"状态即是指设定图层的开启或关闭,系统默认是将图层置于开启状态,被关闭图层上的对象不会显示在绘图区中,也不能打印输出。但在执行某些特殊命令需要重生成视图时,该图层上的对象仍然会被作为计算的对象。

冻结图层有利于减少系统重生成图形的时间,冻结的图层不参与重生成计算,且不显示在绘图区中,用户不能对其进行编辑。若用户绘制的图形较大,且需要重生成图形时,即可使用图层的冻结功能将不需要重生成的图层进行冻结,完成重生成后,可使用解冻功能将其解冻,此时会引起图形的重新生成即恢复为原来的状态。

当用户在编辑特定的图形对象时,若需参照某些对象,但又担心会因为误操作删除了某个对象,这时即可使用图层的锁定功能。锁定图层后,该层上的对象不可编辑,但仍然会显示在绘图区中,这时即可方便地编辑其他图层上的对象。

当用户在输出整个建筑图形时,若不希望输出某个图层上的对象时,可将该图层设置为不可打印状态。

4. 删除图层

不需要某个图层时,可以将其删除。删除图层时,只有该图层没有任何实体,方能删除。想要删除一个图层,必须先删除该图层上的所有实体。

打开"图层特性管理器"对话框,在该对话框中选中需删除的图层,单击 ![button] 按钮即可。

小贴士:图层 0、当前图层、依赖外部参照的图层以及包含对象的图层不能被删除。

知识储备 6.5　绘图辅助工具

一、图形选择

常用的选择方式包括:单选(或点取)方式和窗选方式、"全部对象"选择方式。
窗选方式又包括有:正选(从左至右)和反选(从右至左)。

二、图形实时缩放

选择"视图"→"缩放"→"实时(R)"命令(ZOOM),或单击标准工具栏实时缩放图标 ![icon],即可启动"实时缩放"命令。

三、图形实时平移

选择"视图"→"平移"→"实时(T)"命令(PAN),或单击标准工具栏实时平移图标 ![icon],即可启动"实时平移"命令。

小贴士:在 AutoCAD 中,鼠标中键(滑轮)可以对图形执行实时缩放和实时平移操作,具体操作方法如下:

①放大或缩小：向前转动滑轮，放大视图；向后转动滑轮，缩小视图。

②缩放到图形范围：双击滑轮按钮，将图形最大化全部显示在视图中。

③平移：按住滑轮时，"十"字光标变为平移图标，移动鼠标时可以平移视图。

四、对象捕捉功能

在 AutoCAD 2016 中，可以通过"对象捕捉"工具栏和"草图设置"对话框等方式来设置"对象捕捉"模式。

1."对象捕捉"工具栏

在绘图过程中，当需要指定点时，单击"对象捕捉"工具栏中相应的特征点按钮，在把光标移动到要捕捉对象上的特征点附近，即可捕捉到相应的对象特征点。图 6-18 所示为"对象捕捉"工具栏。

图 6-18 "对象捕捉"工具栏

2. 使用自动捕捉功能

选择"工具"→"草图设置"命令，或右击"状态栏"中的"对象捕捉"按钮，在弹出的快捷菜单中选择"设置"命令，弹出"草图设置"对话框，选择"对象捕捉"选项卡，选中"启用对象捕捉"复选框，在"对象捕捉模式"选项组中选中相应的复选框即可，如图 6-19 所示。

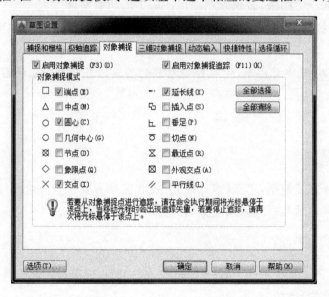

图 6-19 "草图设置"对话框

任务 6.1 新建、保存、打开文件

任务描述

练习在 AutoCAD 2016 环境中如何新建文件、保存文件和打开文件。

任务实施

▷ 步骤 1　打开 AutoCAD 2016，新建一个文件，将文件命名为"CAD 新文件 . dwg"。

▷ 步骤 2　保存文件，保存路径为"D：\CAD 练习\"。

▷ 步骤 3　关闭 CAD 软件。

▷ 步骤 4　在磁盘内找到保存的文件并打开。

任务 6.2　建 立 图 层

任务描述

按以下规定设置图层，并设置线型、颜色及线宽等属性。

图层设置要求：

图层名	颜色	线型	线宽	打开/关闭	冻结/解冻	锁定/解锁
轮廓线	白色	Continuous	0.5	打开	解冻	解锁
中心线	红色	Center	默认	打开	解冻	锁定
虚线	黄色	Hidden	默认	打开	解冻	解锁
剖面线	蓝色	Continuous	默认	打开	冻结	解锁
尺寸标注	绿色	Continuous	默认	打开	解冻	解锁
文字说明	青色	Continuous	默认	关闭	解冻	解锁

任务实施

▷ 步骤 1　创建新层。

▷ 步骤 2　为新层设置颜色。

▷ 步骤 3　为新层设置线型。

▷ 步骤 4　为新层设置线宽。

任务 6.3　创建样板图

任务描述

建立符合国家标准的样板图纸（建立 A3 幅面的图纸，画幅面尺寸线和图框线，画标准标题栏）。

任务实施

▷ 步骤 1　设置样板图的绘图环境。

样板图形的绘图环境主要包括以下内容：

(1)新建一个 CAD 文件。

(2)设置图形单位和图形界限。

(3)调出"对象捕捉"右键菜单。

(4)将绘图区的背景颜色由黑色改为白色。

(5)单击"状态栏"中的"正交"和"对象捕捉"按钮,将"正交"和"对象捕捉"功能开启。

(6)按照图 6-19 所示的内容,将"对象捕捉模式"选项组中的所有复选框选中。

(7)按照图 6-17 所示的内容,创建图层,并将"轮廓线"图层置为当前。

▶ 步骤 2　保存样板图形。

当把之前步骤操作完成后,用户就可以将样板图形保存到计算机硬盘中,已备下次用。

操作步骤

(1)选择"文件"→"保存"命令或从快速访问工具栏中单击"保存"按钮 🔳 。

由于是第一次保存创建的图形,弹出"图形另存为"对话框,如图 6-20 所示。

图 6-20　"图形另存为"对话框

(2)单击"文件类型"下拉按钮,选择"AutoCAD 图形样板(＊.dwt)"格式,保存目录自动跳转到系统 AutoCAD 的 Template 子目录下,如图 6-21 所示。

(3)输入样板图形的文件名,如"A3",单击"保存"按钮,弹出图 6-22 所示的"样板选项"对话框,单击"确定"按钮,完成样板图形的保存。

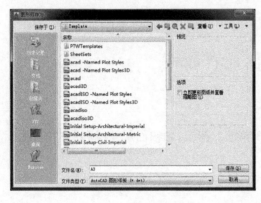

图 6-21　设置保存类型

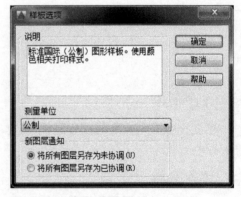

图 6-22　"样板选项"对话框

▶ 步骤 3　调用样板图。

单击"菜单浏览器"按钮,在弹出的菜单中选择"文件"→"新建"命令或从"标准"工具栏中单击"新建"按钮,可以创建新的图形文件。执行"新建"命令后,弹出图 6-23 所示的"选择样板"对话框,要求用户选择样板文件。选择用户自己创建的样板图形文件

"A3"后,单击"打开"按钮,就会以该样板建立新图形文件。

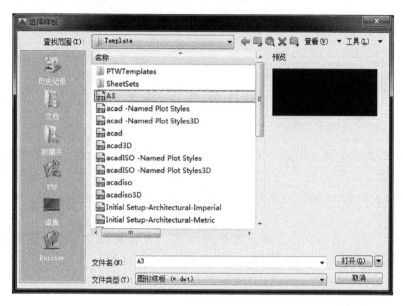

图 6-23 "选择样板"对话框

思　考　题

1. 简述图层的创建和管理的方法。
2. 如何改变对象所在图层?

项目 **7** 二维图形绘制

本项目主要学习在 AutoCAD 中坐标系的设置和使用,点、线、圆、矩形等简单图形对象的绘制方法,图案填充的使用。这些内容是组成复杂图形的基础,也是学习 AutoCAD 的入门基础。因此,熟练掌握基本二维图形对象的绘制方法和技巧,是入门 AutoCAD 的根本。

在实际工作中,会遇到很多曲线图素,本项目在之前的基础上将会讲解高阶图素的绘制命令,主要包括椭圆、圆弧、多边形、多段线、样条曲线等。

【知识目标】

★ 认知坐标系的含义。

★ 学会设置点样式和创建点,掌握定数等分和定距等分操作。

★ 掌握线、矩形、圆的多种绘制方法与技巧。

★ 掌握内接多边形和外切多边形的绘制方法。

★ 掌握椭圆的轴端点定位和中心定位的操作方法。

★ 认知各种圆弧的含义及其创建条件,并掌握基本的起点、端点和圆心创建圆弧的操作技巧。

【能力目标】

★ 能够熟练使用绝对坐标和相对坐标绘制直线。

★ 能够使用构造线辅助绘图。

★ 能够运用各种方法绘制矩形和圆。

★ 能够根据不同条件绘制多边形、椭圆和圆弧。

★ 能够绘制一定复杂程度的二维图形。

知识储备 7.1 坐 标 系

一、坐标系概述

在 AutoCAD 中,坐标系分为世界坐标系 WCS 和用户坐标系 UCS,在二维绘图中,两种坐标系下都可以通过输入坐标点(X,Y)来精确定位。打开 AutoCAD 软件时,其默认的坐标系是世界坐标系 WCS。

世界坐标系是软件内定坐标系,是无法改变的,它的位置是固定不变的,即始终以(0,0)或(0,0,0)为坐标原点。

而通常绘图只用世界坐标系很不方便,为了能够更好地辅助设计,用户可以更改坐标系的原点位置、坐标轴方向等,此时的坐标系便是用户自定义的坐标系,即用户坐标系 UCS。它是一种可移动的自定义坐标系,其坐标原点及坐标轴的方向都可以移动和旋转,甚至可以依赖于图形中某个特定的对象,在绘制三维对象时非常有用。

世界坐标系和用户坐标系在显示方式上只有细微的区别,如图 7-1 所示,世界坐标系只是比用户坐标系在坐标轴的交汇处多一个"□"形标记。

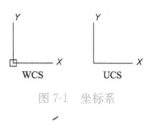

图 7-1 坐标系

二、坐标系的表示方法

根据绘制要求的不同,AutoCAD 的坐标系可以用多种方式来表达同样的几何对象,有绝对坐标、极坐标、相对坐标几种形式,每种坐标表达方式都有其优点,下面将分别进行介绍。

1. 绝对坐标

绝对坐标即笛卡儿坐标系(直角坐标系),由一个坐标系原点(0,0)和两个通过原点且相互垂直的坐标轴组成,水平方向为 X 轴,方向向右为正方向,竖直方向的坐标轴为 Y 轴,向上为正方向。

或者一个坐标系原点(0,0,0)和三个空间相互垂直的坐标轴组成,垂直于 XY 平面的坐标轴为 Z 轴,沿 Z 轴垂直屏幕向外为距离的正方向。

采用绝对坐标绘图,可以直接输入坐标进行定位,如图 7-2 所示。

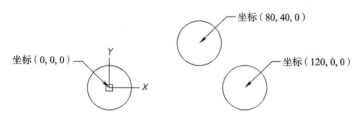

图 7-2 利用绝对坐标绘图

小贴士:在输入坐标(X,Y)和坐标(X,Y,Z)时,间隔符","必须是在英文状态下输入,如果在中文状态下输入该坐标则无效。

2. 极坐标系

极坐标系由一个极点和一根极轴组成,极轴的方向以极点为起点,水平向右为正方向。平面上任意点都可以由该点到极点的连线长度与极轴的夹角来定义,即用坐标值$(\rho<\theta)$来定义平面上的任意点。

其中"$<$"表示角度,规定逆时针为正,顺时针为负。如点$(9<30)$表示绕旋转 30°的方向上和原点的距离为 9 的点,如图 7-3 所示。

3. 相对坐标

相对坐标是当前点相对于前一点的位移值,在AutoCAD 中,相对坐标用"@"表示。当第一点已经确定

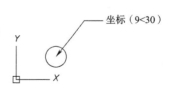

图 7-3 极坐标系

时,对第二点输入(@20,30)是表示第二点对第一点的 X 轴方向的距离是 20,Y 轴方向是 30。在@后面可以是直角坐标输入法(上面就是),也可以是极坐标,例如@27$<$45

是表示距第一点半径距离是 27，但要以 X 轴为起点逆时针转 45°，确定第二个点。

知识储备 7.2 点 的 绘 制

一、设置点样式的大小

点的形状和大小是由点的样式决定的。要修改其样式，可选择"格式"→"点样式"命令，或单击"默认"选项卡中的"实用工具"按钮，如图 7-4 所示，然后在打开的【点样式】对话框中进行操作，如图 7-5 所示。

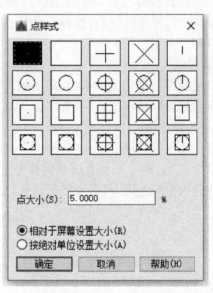

图 7-4 实用工具　　　　　　　图 7-5 "点样式"对话框

二、绘制单点和多点

要绘制单点，可选择"绘图"→"点"→"单点"命令，然后输入点的坐标或单击确定点的位置即可。

要绘制多点，可单击"默认"选项卡"绘图"面板中的【多点】按钮，然后通过单击或输入坐标确定各点的位置。

三、绘制等分点

定数等分点命令是将对象按指定数目进行等分，被等分的对象可以是直线、圆弧、曲线等，如图 7-6 所示。

启动命令方式如下：

①快捷命令：DIV（DIVIDE）。

②菜单栏中【绘图】→【点】→【定数等分】。

③【默认】选项卡→【绘图】面板→【定数等分】。

定距等分命令是沿对象长度或周长按测定间隔创建点对象或图块，需指定等分的长度,如剩余部分长度不足将不再创建点,如图 7-7 所示。

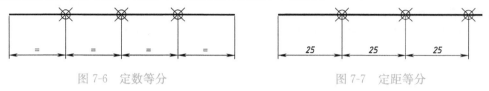

图 7-6　定数等分　　　　　　　　　　图 7-7　定距等分

启动命令方式如下:

①快捷命令:ME(MEASURE)。

②菜单栏中【绘图】→【点】→【定距等分】。

③【默认】选项卡→【绘图】面板→【定距等分】。

小贴士:在 AutoCAD 2016 中采用了全新的操作界面,之前版本中常用的菜单栏被隐藏起来,调出菜单栏的方法,如图 7-8 所示,单击标题栏上面的下拉按钮,选择"显示菜单栏"命令即可。

图 7-8　调出菜单栏

知识储备 7.3　直线型对象的绘制

一、绘制直线

直线是通过起点和终点连线形成的线段。起点和终点可以通过输入点的坐标来确定,也可以直接选取已经存在的点或特殊点来定义。

启动命令方式如下:

①快捷命令:L(LINE)。

②菜单栏中【绘图】→【直线】。

③【默认】选项卡→【绘图】面板→【直线】。

④工具栏中【绘图】→【直线】。

[案例 7.1]　采用坐标绘制直线

在动态输入模式下,采用坐标绘制直线时,第二点和后续点的默认设置为相对极坐标,但是不需要输入@符号,若需要用绝对直角坐标,用♯前缀即可,若用相对直角坐标,输入第一个值,输入",",输入第二个值。

如图7-9所示的三角形,采用相对坐标绘图时的操作步骤如下:

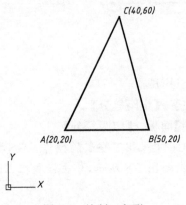

图 7-9　绘制三角形

命令:LINE"按上文介绍方法启动直线命令"
指定第一个点:20,20"指定 A 点坐标"
指定下一个点或放弃[U]:30,0"指定 B 点相对坐标"
指定下一点或放弃[U]:−10,40"指定 C 点相对坐标"
指定下一点或闭合[C]/放弃[U]:C"从 C 点画出的线段终点与 A 点重合"

如采用绝对坐标,则绘图步骤如下:

命令:LINE"启动绘制直线命令"
指定第一个点:20,20"指定 A 点坐标"
指定下一个点或放弃[U]:♯50,20"指定 B 点绝对坐标"
指定下一点或放弃[U]:♯40,60"指定 C 点绝对坐标"
指定下一点或闭合[C]/放弃[U]:C"从 C 点画出的线段终点与 A 点重合"

[案例7.2]　采用标注输入模式绘制直线

动态输入有 3 个组件:指针输入、标注输入、动态提示。指针输入通常为坐标输入,标注输入通常为距离、角度值等。输入值后直接按[Enter]键,此值被认定为与上一点的直接距离,如图 7-10 所示,绘制方向水平向右,长度为 40 的直线。输入值后再按[Tab]键后,该字段将显示一个锁定图标,随后可在第二个框中输入值,在按下[Tab]键后,需要输入的数值变为线段的角度,如图 7-11 所示,绘制长度为 20,与之前直线夹角为 60°的直线。

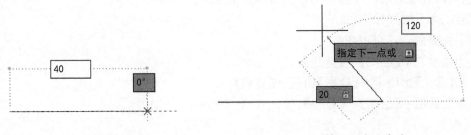

图 7-10　输入直接距离　　　　　　图 7-11　输入距离和角度

二、精确绘图

1. 捕捉与栅格

应用显示栅格工具使绘图区域上出现可见的网格,它是一个形象的画图工具,就像传统的坐标纸一样。但栅格不是图形的组成部分,不能被打印。提供直观的距离和位置的参照,仅在图形界限内显示(因此,可帮助提示绘制在图纸内)

捕捉:使光标锁定在栅格点上。

2. 正交模式

启用正交模式时,画线或移动对象时只能沿水平方向或垂直方向移动光标,因此只能画平行于坐标轴的正交线段。

3. 对象捕捉

见项目 6 中知识储备 6.5。

4. 对象追踪

对象追踪分为"极轴追踪"和"对象捕捉追踪"两种模式。

"极轴追踪"捕捉的是特殊角度,指按指定的极轴角或极轴角的倍数对齐要指定点的路径。

"对象捕捉追踪"是指以捕捉到的特殊位置点为基点,按指定的极轴角或极轴角的倍数对齐要指定点的路径。

[案例 7.3]　精确绘图

绘制图 7-12(e)所示的图形,在绘图过程中,正确使用正交模式、对象捕捉和对象追踪。

绘图步骤如下:

使用"直线"命令,开启正交模式,绘制水平方向直线 AB,长度为 40,和垂直方向直线 BC,长度为 40。执行定数等分,将直线 BC 三等分。单击"实用工具"中的"点样式",选择适当的点样式,使其显示形式如图 7-12(a)所示。

使用"直线"命令,开启对象捕捉模式,利用端点捕捉选择 A 点,利用节点捕捉选择 M 点,绘制直线 AM。以同样的方法绘制直线 AN,如图 7-12(b)所示。

使用"直线"命令,开启对象追踪模式,利用端点捕捉选择 A 点,绘制竖直向上直线,光标靠近 C 点,水平向左引出追踪线和之前绘制的直线交于 D 点,如图 7-12(c)所示。绘制直线 AD,连接 CD,如图 7-12(d)所示。使用"直线"命令,利用端点捕捉选择 C 点,利用垂足捕捉在直线 AM 上捕捉点 E,绘制直线 CE,如图 7-12(e)所示。绘制完成。

三、构造线的绘制

构造线是通过点沿指定方向向两边无限延长的直线,没有起点和终点,可用来创建参考线。

启动命令的方式如下:

①快捷命令:XL(XLINE)。

②菜单栏中【绘图】→【构造线】。

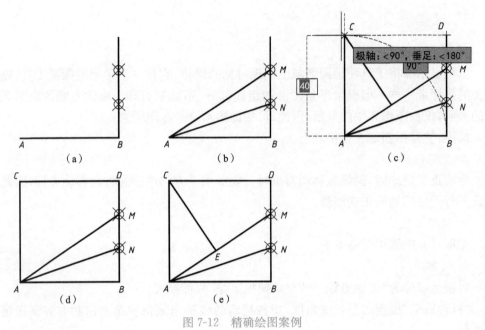

图 7-12　精确绘图案例

③【默认】选项卡→【绘图】面板→【构造线】。

④工具栏中【绘图】→【构造线】。

执行命令后,命令行出现图 7-13 所示提示。

图 7-13　构造线命令行提示

提示选项含义如下:

(1)点:用无限长直线所通过的两点定义构造线的位置;创建通过两已知点的构造线。

(2)水平:创建一条经过指定点并且与当前 UCS 的 X 轴平行的构造线。

(3)垂直:创建一条经过指定点并且与当前 UCS 的 Y 轴平行的构造线。

(4)角度:以指定的角度创建一条构造线。可以指定参照,即指定与选定参照线之间的夹角,此角度从参照线开始按逆时针方向测量。

(5)二等分:创建指定角的二等分构造线。创建时分别选定角的顶点,并且依次选定角的两条边。

(6)偏移:创建平行于指定对象的构造线。指定偏移距离,选择基线,然后指明构造线位于基线的哪一侧。

四、矩形的绘制

创建矩形的启动命令方式如下:

①快捷命令:REC(RECTANG)。

②菜单栏中【绘图】→【矩形】。

③【默认】选项卡→【绘图】面板→【矩形】。

④工具栏中【绘图】→【矩形】。

当输入矩形命令时,命令行出现如下提示信息:

指定第一个角点或[倒角(C)/标高(E)/圆角(F)/厚度(T)/宽度(W)]:

指定第一个角点:定义矩形的一个顶点;

指定另一个角点:定义矩形的另一个顶点;

倒角(C):绘制带倒角的矩形;

标高(E):指定的距形的标高;

圆角(F):绘制带圆角的矩形;

厚度(T):矩形厚度;

宽度(W):定义绘制矩形的多段线的宽度。

绘制矩形的效果如图 7-14 和图 7-15 所示。

矩形的创建方法有两种,一种是采用输入长和宽的尺寸来确定矩形,另一种是采用相对坐标指定对角点相对于第一点的偏移距离。

需要注意的是,设置好的矩形绘图模式会被保留,比如在上一个绘制的矩形中设置了圆角为 10,线宽为 5,在下一次绘制矩形操作时,在命令行的提示中会显示"当前矩形模式:标高＝0.0000 圆角＝10.0000 线宽＝5.0000"信息。

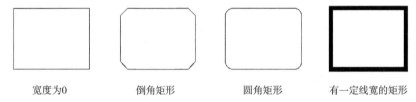

宽度为0　　　　倒角矩形　　　　圆角矩形　　　　有一定线宽的矩形

图 7-14　绘制矩形(一)

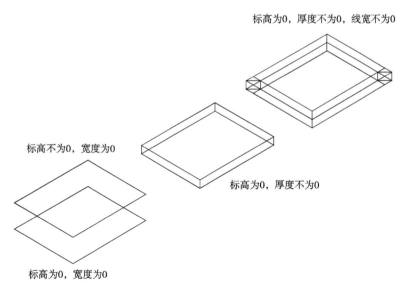

标高为0,厚度不为0,线宽不为0

标高不为0,宽度为0

标高为0,厚度不为0

标高为0,宽度为0

图 7-15　绘制矩形(二)

圆的六种画法

知识储备 7.4　圆形对象的绘制

一、圆的绘制

创建圆的启动命令方式如下：

①快捷命令：C（CIRCLE）。

②菜单栏中【绘图】→【圆】。

③【默认】工具卡→【绘图】面板中→【圆】。

④工具栏中【绘图】→【圆】。

命令执行后会给出几个命令选项，如图 7-6 所示。其中：

两点（2P）：指定两点作为圆的一条直径上的两点。

三点（3P）：指定圆周上三点画圆。

相切、相切、半径（T）：圆的半径为已知，绘制一个与两对象相切的圆。有时会有多个圆符合指定的条件。AutoCAD 以指定的半径绘制圆，其切点与选定点的距离最近。

图 7-17 所示给出了 6 种画圆示例。

图 7-16　圆的 6 种绘制命令

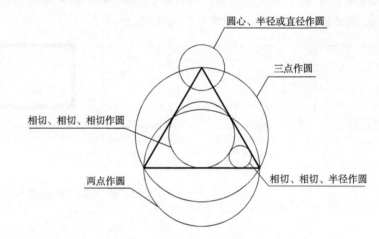

图 7-17　圆的 6 种绘制方法

[案例 7.4]　绘制圆

绘制平面图形，如图 7-18 所示。

绘图步骤如下：

①分别绘制两组中心线，尺寸如图 7-19（a）所示。

②以上方的中心线交点为圆心，分别做直径为 $\phi 20$ 和 $\phi 30$ 的同心圆；以下方的中心线交点为圆心，分别做直径为 $\phi 40$ 和 $\phi 100$ 的同心圆，如图 7-19（b）所示。

③使用"相切、相切、半径"命令，绘制 $R60$ 圆和直径为 $\phi 30$ 和 $\phi 100$ 的两圆外切；绘制 $R100$ 圆和这两个圆内切，如图 7-19（c）所示。

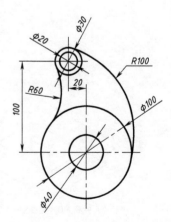

图 7-18　圆的绘制练习

④修剪多余线段,得到图形如图 7-19(d)所示。

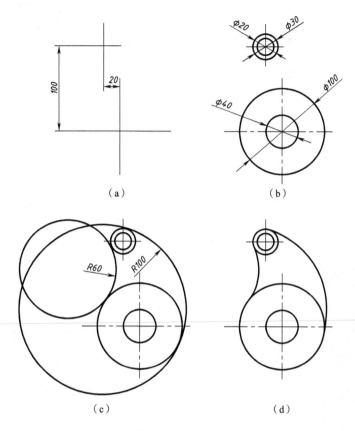

（a）　　　　　　　　　　（b）

（c）　　　　　　　　　　（d）

图 7-19　绘图步骤

小贴士:在执行"相切、相切、半径"命令时,选择与之公切的圆时,单击的位置表示为切点的大概位置,因此鼠标单击的位置决定着公切圆为外切圆或是内切圆。

如图 7-20 所示,单击切点时在两圆的外侧,则会得到一内切圆。

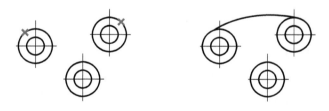

图 7-20　绘制内切圆

如图 7-21 所示,单击的切点在两圆的内侧,则会得到一个外切圆。

如图 7-22 所示,单击的切点一内一外,则会得到与一圆内切、一圆外切。

"相切、相切、半径"命令做圆非常灵活,需多加练习和体会。

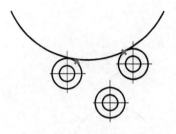 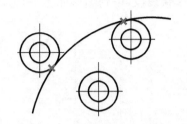

图 7-21　绘制外切圆　　　　　图 7-22　绘制一圆内切、一圆外切

二、圆弧的绘制

AutoCAD 2016 提供了多种方法用于绘制圆弧，可通过指定圆弧的圆心、端点、起点、半径、角度、弦长和方向值的各种组合来实现。图 7-23 所示为"默认"面板和【绘图】→【圆弧】子菜单，提供了多种绘制圆弧的方法。

（a）绘制圆弧的系列按钮　　　　　　　　　　　（b）【圆弧】子菜单

图 7-23　绘制圆弧的系列按钮和【圆弧】子菜单

绘制圆弧是通过按顺序指定圆弧的起点、圆心、端点、角度、长度和半径等参数来实现的。在绘制过程中，这些参数既可以通过鼠标拾取来指定，也可以通过键盘输入点坐标值或尺寸数值来指定。圆弧的绘制方法比较多，绘制时要根据实际绘图环境灵活使用。

三、椭圆的绘制

在 AutoCAD 中，主要利用椭圆的长半轴和短半轴来控制椭圆的绘制。当长半轴等于短半轴时，形成的椭圆其实是特殊情况下的圆。

创建椭圆的启动命令方式如下：

①快捷命令：EL(ELLIPSE)。

②菜单栏中【绘图】→【椭圆】。

③【默认】选项卡→【绘图】面板→【椭圆】。

④工具栏中【绘图】→【椭圆】。

绘制椭圆有两种方法：一种是依次指定椭圆的圆心、长轴端点和短轴端点，如图 7-24(a)所示；另一种是依次指定椭圆的长轴两个端点和短轴的一个端点，如图 7-24(b)所示。

[案例 7.5] 绘制矩形和椭圆

如图 7-25 所示，已知图形尺寸，绘图步骤如下：

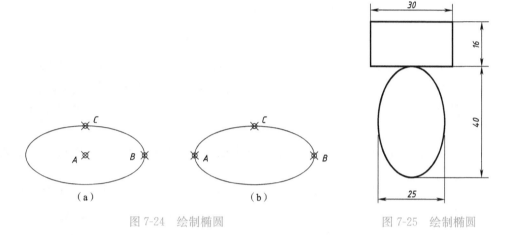

图 7-24 绘制椭圆　　　　图 7-25 绘制椭圆

先绘制出如图所示矩形，再绘制椭圆。

输入矩形命令：

指定矩形的左下角点后，在命令行中输入"@30,16"确定另一个角点，或者选择"尺寸"模式，当提示输入长度和宽度时分别输入长度值为 30，宽度值为 16。

输入椭圆命令：

捕捉矩形底边的中点，指定椭圆的轴端点，此点为椭圆长轴的一个端点。

指定轴的另一个端点，将正交模式打开，光标向下拖动，输入长轴值 40。

将光标拖向左方或右方，输入短半轴的长度值 12.5。

图形绘制完成。

知识储备 7.5 其他常用绘图命令

一、正多边形的绘制

多边形是由三条或三条以上的线段首尾顺次连接所组成的封闭图形。多边形分为正多边形和非正多边形，AutoCAD 中有一个专门用来绘制正多边形的命令，多边形的边须为 3～1024。

创建正多边形的启动命令方式如下：

①快捷命令：POL(POLYGON)。

②菜单栏中【绘图】→【多边形】。

③【默认】选项卡→【绘图】面板→【多边形】。

④工具栏中【绘图】→【多边形】。

执行绘制多边形操作后,命令行提示如图 7-26 所示。

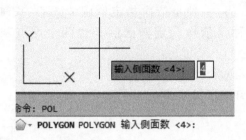

图 7-26　输入多边形的边数

此时输入 3~1024 的数字表示要绘制正多边形的边数,然后按[Enter]或[Space]键。尖括号里的数字表示上一次绘制正多边形时指定的边数,如不需改动,可直接确认。

指定边数以后,命令行又提示指定正多边形的中心点或者边,此时有两种绘制正多边形的方法。

(1)可用鼠标拾取或者输入坐标值指定正多边形的中心点,然后命令行提示:"输入选项[内接于圆(I)外切于圆(C)]<I>"。

输入 I,选择内接于圆,如图 7-27(a)所示,此时输入圆的半径,所绘制的正多边形内接于该假想圆,其所有顶点均在圆上,圆的半径即中心点到多边形顶点的距离。

输入 C,选择外切于圆,如图 7-27(b)所示,此时输入圆的半径,所绘制的正多边形外切于该假想圆,其所有边均与圆相切,圆的半径即中心点到多边形边的距离。

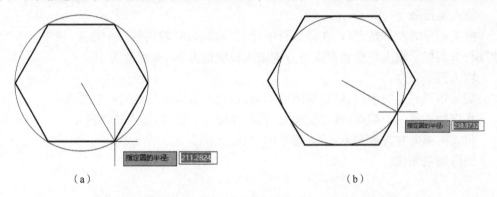

（a）　　　　　　　　　　　　　　　　　（b）

图 7-27　通过"内接于圆(I)/外切于圆(C)"绘制正多边形

(2)输入 E,选择"边(E)"选项,指定正多边形的一条边的两个端点确定整个多边形,如图 7-28 所示,两点连线的位置和方向决定了多边形的位置和方向。

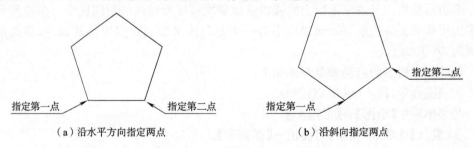

（a）沿水平方向指定两点　　　　　　　　　（b）沿斜向指定两点

图 7-28　通过指定正多边形的边绘制图形

二、多段线的绘制

多段线是作为单个对象创建的相互连接的连续线段,组成多段线的对象可以是直线或者圆弧。

绘制多段线的启动命令方式如下:

①快捷命令:PL(PLINE)。

②菜单栏中【绘图】→【多段线】。

③【默认】选项卡→【绘图】面板→【多段线】。

④工具栏中【绘图】→【多段线】。

执行绘制多段线操作后,命令行提示"指定起点:",此时可用鼠标拾取或输入起点坐标值指定多段线的起点,然后命令行提示如图 7-29 所示。

```
PLINE
指定起点:
当前线宽为 0.0000
×  ⌖ ┌╮▾ PLINE 指定下一个点或 [圆弧(A) 半宽(H) 长度(L) 放弃(U) 宽度(W)]:
```

图 7-29　多段线命令行提示

此时可以指定下一点或者输入相应的字母(选择括号内的选项)。

其中,各个选项的含义如下。

圆弧(A):用于将弧线段添加到多段线中。选择该选项后,将绘制一段圆弧,之后的操作与绘制圆弧相同。

半宽(H):用于指定从宽多段线线段的中心到其一边的宽度。选择该选项后,将提示指定起点半宽宽度和端点的半宽宽度。

长度(L):在与上一线段相同的角度方向上绘制指定长度的直线段。如果上一线段是圆弧,将绘制与该圆弧起点相切的直线段。

放弃(U):删除最近一次绘制到多段线上的直线段或圆弧段。

宽度(W):用于指定下一段多段线的宽度。注意"宽度(W)"选项与"半宽"选项的区别,如图 7-30 所示。

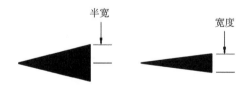

图 7-30　"半宽"与"宽度"

AutoCAD 也提供专门的多段线编辑工具,启动命令方式如下:

①快捷命令:PEDIT。

②菜单栏中【修改】→【对象】→【多段线】。

③【默认】选项卡→【修改】面板→【编辑多段线】。

④工具栏中【修改Ⅱ】→【编辑多段线】。

执行多段线编辑命令后,根据提示用鼠标选择要编辑的多段线,如果选择的对象不是多段线,命令行会提示"选定的对象不是多段线,是否将其转换为多段线? <Y>",输入 Y 或 N,选择是否转换。

选择完多段线对象后,命令行提示如下:

打开(O)/闭合(C):如果选择的是闭合的多段线,则此选项显示为"打开(O)";如果选择的是打开的多段线,则此选项显示为"闭合(C)"。

合并(J):用于在开放的多段线的尾端点添加直线、圆弧或多段线。如果选择的对象是直线或圆弧,那么要求直线或圆弧与多段线是彼此首尾相连的,合并的结果是将多个对象合并为一个多段线对象。

宽度(W):选择该选项可将整个多段线指定为统一的宽度。

编辑顶点(E):用于对多段线的各个顶点逐个进行编辑。

拟合(F):表示用圆弧拟合多段线,即转换为由圆弧连接每个顶点的平滑曲线。

样条曲线(S):将多段线对象用样条曲线拟合。

非曲线化(D):删除"拟合"或"样条曲线"的效果,并将各个端点用直线连接。

线型生成(L):用于生成经过多段线顶点的连续图案线型。

放弃(U):撤销上一步操作,可一直返回到使用 PEDIT 命令之前的状态。

小贴士:利用多段线编辑中的"闭合(C)"可以将圆弧转换为圆。

三、样条曲线的绘制

样条曲线主要用于绘制切断线、波浪线等。在绘制样条曲线时,指定的点不一定在绘制的样条曲线上,而是根据设定的拟合公差分布在样条曲线附近。

绘制多段线的启动命令方式如下:

①快捷命令:SPL(SPLINE)。

②菜单栏中【绘图】→【样条曲线】。

③【默认】选项卡→【绘图】面板→【样条曲线】。

执行绘制样条曲线命令后,可用鼠标拾取或输入起点坐标值指定样条曲线的第一个点,之后与绘制直线操作一样,命令行不断提示指定下一点。所有的点指定完毕后,可按[Enter]键结束命令,结果如图 7-31 所示。

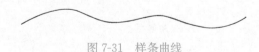

图 7-31 样条曲线

四、图案填充

AutoCAD 中图案填充是绘图的一个重要的组成部分,其应用十分广泛。在机械图中,可以用来绘制剖视图。

1. 图案填充

图案填充的启动命令方式如下:

①快捷命令:H(HATCH)。

②菜单栏中【绘图】→【图案填充】。

③【默认】选项卡→【绘图】面板→【图案填充】。

④工具栏中【绘图】→【图案填充】。

执行该命令后，面板如图 7-32 所示。

图 7-32　图案填充命令面板

命令行提示如图 7-33 所示。

图 7-33　图案填充命令行

此时默认为"拾取内部点"，拾取闭合区域的内部点，CAD 会根据所拾取的点自动判断围绕该点构成封闭区域的现有对象确定填充边界。如图 7-34(b)所示，确定了的填充边界将高亮显示。

"删除"选项，可从已定义的边界中删除以前添加的对象，只有在拾取点或者选择对象创建了填充边界之后才可用。通过删除边界可以删除拾取点时自动生成的孤岛边界。

"重新创建"选项，用于重新创建填充边界，只有在编辑填充边界时才可用。

也可以单击"选择"按钮，或者在命令行中输入 S，此时可根据选择封闭对象的方法确定填充边界，但并不自动检测内部对象。图 7-34(c)所示为通过选择对象确定的填充边界。

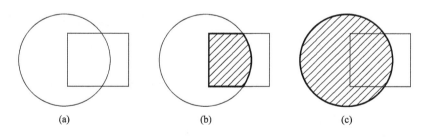

(a)　　　　　　　(b)　　　　　　　(c)

图 7-34　图案填充

在"图案"面板中，可以设置图案的类型，对应的下拉菜单中包括"实体""渐变色""图案""用户定义"4 个选项。如果选择"图案"，可使用 AutoCAD 2016 自带的 ISO 标准和 ANSI 标准填充图案，以及其他图案。

如图 7-32 所示，在"图案"选项中，可以设置图案的类型。

"图案"下拉列表：单击图案右侧的 ⬇ 按钮，将可选择其他填充图案，如图 7-35 所示。

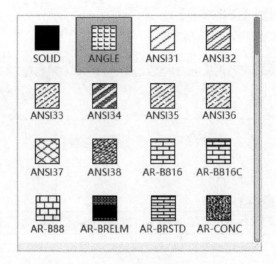

图 7-35　填充图案列表

如图 7-36 所示,在"特性"面板中:使用"图案填充颜色"的指定颜色替代当前填充图案的颜色;使用"背景色"的指定颜色可以替代当前填充区域的背景。

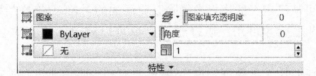

图 7-36　填充特性面板

在"特性"选项组中,还可以设置图案填充的旋转角度和缩放比例,各个选项的功能如下。

"角度"下拉列表框:用于设置填充图案的角度(相对当前坐标系的 X 轴),也可在文本框中直接输入角度值。图 7-37 所示分别为角度设置为 0°和 90°时的显示效果。

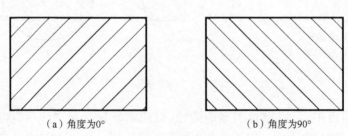

（a）角度为0°　　　　　　　　　　（b）角度为90°

图 7-37　设置图案填充的角度

"比例"下拉列表框:用于设置填充图案的缩放比例,也可在文本框中直接输入比例值。只有"预定义"和"自定义"中的图案才可以使用该选项。图 7-38 所示分别为比例 1 和 0.5 时的显示效果。

在机械图中,经常通过设置填充图案的不同角度和比例来区分不同的零件或材料。

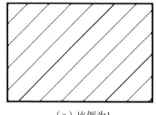
（a）比例为1

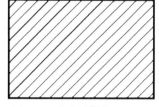
（b）比例为0.5

图 7-38　设置图案填充的比例

如图 7-32 所示,在"设定原点"选项中,可以设置填充图案生成的起始位置,因为某些图案填充(如砖块)需要与填充边界对齐。默认情况下,所有图案的填充原点都对应于当前的 UCS 原点。

"关联"选项,控制当用户修改填充边界时是否自动更新填充图案。

"注释性"选项,指定根据视口比例自动调整填充图案比例。

"特性匹配"选项,使用选定的图案填充对象特性设置图案填充特征,图案填充原点除外。

"关闭图案填充"选项,退出图案填充创建并关闭上下文选项卡。

2. 编辑图案填充

图案填充的图案是一个整体对象,可以被复制、移动、拉伸和修剪,也可以通过夹点编辑操作。如果填充的边界是闭合状态,在填充图案时选择关联模式,改变边界的同时,填充图案会自动更新填满改变后的边界。如果边界被修改为开放的形状,则填充图案和边界之间的关联性将被取消,改变边界后填充图案不会发生变化。

选择"修改"→"分解"命令将填充图案分解后,可分解为单个直线、圆弧等对象,就不能用图案填充的编辑工具进行编辑。

对图案填充的编辑包括重新定义填充的图案或颜色、编辑填充边界,以及设置其他图案的填充属性等。如果要对多个填充区域的填充对象进行独立编辑,可以选中"创建独立的图案填充"复选框,这样可以对单个填充区域进行编辑。

编辑图案填充的启动命令方式如下:

①快捷命令:HE(HATCHEDIT)。

②菜单栏中【修改】→【对象】→【图案填充】。

③【默认】选项卡→【修改】面板→【编辑图案填充】。

④工具栏中【修改Ⅱ】→【编辑图案填充】。

⑤在图案填充对象上双击。

执行图案填充编辑命令后,命令行提示"选择图案填充对象:"后,弹出"图案填充编辑"对话框。该对话框与之前的"图案填充和渐变色"对话框内容基本相同,但有的选项不可用。

因此,只能编辑对话框中可用的选项,如图案类型、角度、比例、关联性等,还可以通过"添加:拾取点"按钮和"删除边界"按钮等编辑填充边界,其设置方法与创建图案填充相同,不再重复。

小贴士:取消图案填充与边界的关联性后,将不可重建。要恢复关联性,必须重新创建图案填充或者创建新的图案填充边界,并将边界与此图案填充关联。

任务7.1 平面图形的绘制

任务描述

1. 熟练使用"绘图"面板中的绘图命令。
2. 绘制图 7-39～图 7-45 所示的图形。

任务实施

▶ 步骤 1 建立中心线层、绘图层、标注层,并按要求设置各图层的线型和颜色。

▶ 步骤 2 在中心线图层上绘制中心线(参考线)。

▶ 步骤 3 在绘图层上绘制图形。

▶ 步骤 4 在标注层上完成标注。

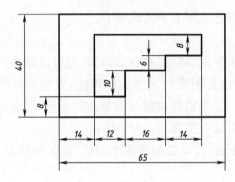

图 7-39 平面图形一

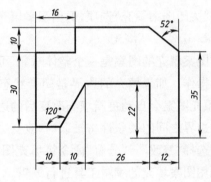

图 7-40 平面图形二

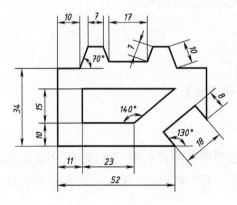

图 7-41 平面图形三

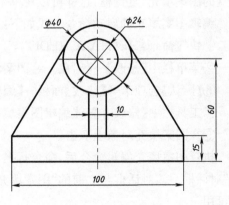

图 7-42 平面图形四

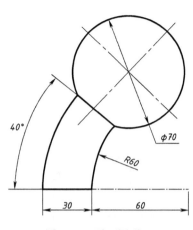

图 7-43　平面图形五

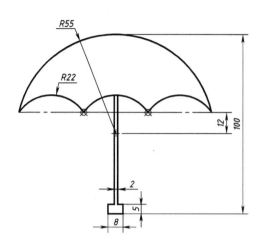

图 7-44　平面图形六

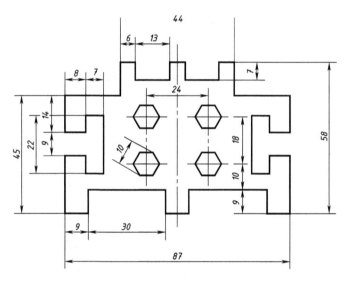

图 7-45　平面图形七

任务 7.2　绘制三视图

任务描述

1. 练习图层的建立、设置当前层及线型的加载、线型设置、颜色设置等。
2. 继续练习绘图命令的操作方法,练习自动捕捉的设定及应用。
3. 绘制图 7-46～图 7-49 所示的图形。

任务实施

▶ 步骤 1　打开之前制作好的图形绘制样板文件。

▶ 步骤 2　画中心线,布置各视图位置。

▶ 步骤 3　绘制三视图。

▷ 步骤4　标注尺寸。

▷ 步骤5　检查、保存。

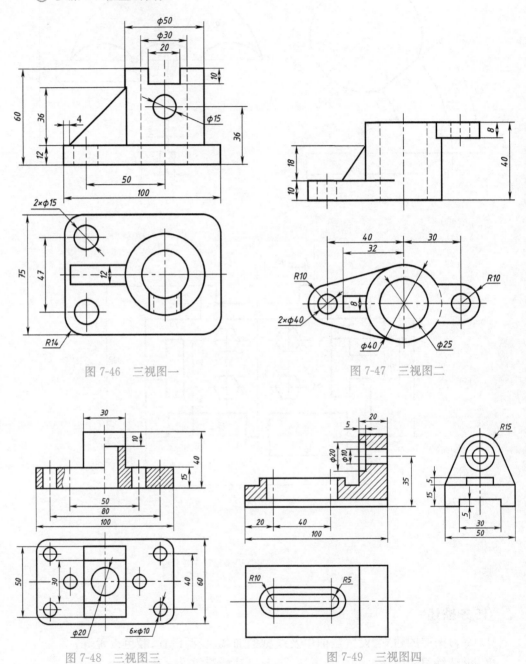

图 7-46　三视图一

图 7-47　三视图二

图 7-48　三视图三

图 7-49　三视图四

思　考　题

1. 练习 AutoCAD 2016 基本绘图命令。

2. 简述绘制直线和绘制圆的方法。

项目 ❽ 二维图形编辑

本项目主要学习在 AutoCAD 中如何对所绘制的简单图形进行修改或删除,或者准备绘制较为复杂的图形时,借助图形编辑工具来完成制图。对于机械图样来说,编辑修改操作通常比绘制操作的工作量要大。因此,AutoCAD 2016 提供了强大的图形编辑工具,这些工具主要通过"修改"菜单和"修改"面板,以及相应的编辑命令来使用,如图 8-1 所示。

图 8-1 "修改"面板按钮

另外,AutoCAD 2016 还提供夹点编辑模式,这就要求先选择对象,然后在对象上显示夹点,之后才能使用夹点编辑模式。

【知识目标】

★ 掌握图形删除的操作。

★ 学会修剪、延伸、合并、打断、倒角、圆角的操作编辑图形对象,掌握使用技巧。

★ 掌握使用复制、偏移、阵列、镜像的操作绘制多个图形,掌握使用技巧。

★ 掌握移动、旋转、拉伸、缩放的操作改变图形的大小和位置,掌握使用技巧。

【能力目标】

★ 能够熟练使用各种图形修改命令编辑修改图形。

★ 能够绘制一定复杂程度的平面图、三视图。

知识储备 8.1 编 辑 图 形

一、删除

删除操作可将对象从图形中清除。

AutoCAD 2016 中删除对象的命令启动方式如下:

①快捷命令:E(ERASE)。

②菜单栏中【修改】→【删除】。

③【默认】选项卡→【修改】面板→【删除】。

④工具栏中【修改】→【删除】。

执行"删除"命令后,命令行提示"选择对象:"此时选择要删除的对象后按[Space]键或[Enter]键,删除已选择的对象。

小贴士:比删除命令更快捷的删除操作是选择对象后按[Delete]键。运行 UNDO命令可恢复上一次的操作,包括所有的操作。运行 OOPS 命令可恢复由上一个 ERASE命令删除的对象。

二、修剪和延伸

1. 修剪

修剪可以使对象精确地终止于由其他对象定义的边界。剪切边定义了被修剪对象的终止位置,注意什么是剪切边,什么是被剪切的对象。在图 8-2 中,斜线是剪切边,而被剪切的是水平直线。

AutoCAD 2016 中修剪对象的命令启动方式如下:

①快捷命令:TR(TRIM)。

②菜单栏中【修改】→【修剪】。

③【默认】选项卡→【修改】面板→【修剪】。

④工具栏中【修改】→【修剪】。

运行 TRIM 命令执行修剪操作后,命令行提示选择剪切边,选择完成后,命令行提示选择要修剪的对象,如图 8-2 所示,选择需要被修剪的部分单击,修剪完成。选择修剪对象时会重复提示,因此可以选择多个修剪对象。按[Enter]键结束命令。

在 AutoCAD 2016 中,对象既可以作为剪切边,也可以是被修剪的对象,因此在提示选择剪切边时,可以直接按[Space]键或[Enter]键表示全部选择。对于一些较复杂或对象排列比较密集的图形,可快速选择。

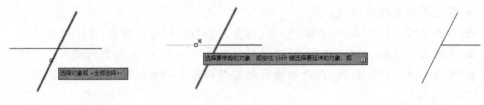

图 8-2　修剪过程

其他选项的功能如下。

栏选(F):选择与选择栏相交的所有对象。

窗交(C):选择矩形区域(由两点确定)内部或与之相交的对象。

投影(P):指定修剪对象时使用的投影方式。

边(E):设置对象是在另一对象的延长边处进行修剪,还是仅在三维空间中与该对象相交的对象处进行修剪。

删除(R):删除选定的对象。此选项提供了一种用来删除不需要的对象的简便方式,而无须退出修剪命令。

放弃(U)：撤销由修剪命令所做的最近一次修改。

2. 延伸

延伸与修剪的操作方法类似。延伸对象，可以使它们精确地延伸至由其他对象定义的边界。

AutoCAD 2016 中延伸对象的命令启动方式如下：

①快捷命令：EX(EXTEND)。

②菜单栏中【修改】→【延伸】。

③【默认】选项卡→【修改】面板→【延伸】。

④工具栏中【修改】→【延伸】。

延伸命令的提示栏与修剪命令类似。在执行延伸命令后，可手动添加延伸边界，操作过程如图 8-3 所示。也可以使用自动边界延伸，即在执行延伸命令后，提示选择延伸边界时，不选择任何对象，直接按[Space]键或[Enter]键确定。此时绘图区任何图素都将成为延伸边界。

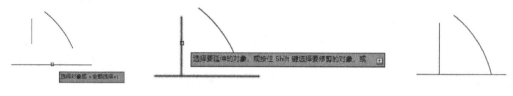

图 8-3 延伸过程

小贴士：在选择被剪切对象时，按住[Shift]键可在修剪和延伸两种操作之间切换。

三、对齐

对齐操作用于将对象与另一个对象对齐，包括线与线之间的对齐及面与面之间的对齐。对齐操作实际上是集成了移动、旋转和缩放等操作。AutoCAD 2016 是通过指定一对或多对源点和目标点实现对象间的对齐。

对齐

AutoCAD 2016 中延伸对象的命令启动方式如下：

①快捷命令：AL(ALIGN)。

②菜单栏中【修改】→【三维操作】→【对齐】。

③【默认】选项卡→【修改】面板→【对齐】。

执行对齐操作后，命令行提示中各选项的含义如下：

源点：选取在要对齐的源物体上的点，此点将与目标体上的目标点对齐。

目标点：在目标对象上指定点，用于与源点对齐。

是否基于对齐点缩放对象：指定是否缩放。源对象上的两个源点和目标对象的两个目标点之间的距离不一样时，如果不缩放，源对象以第一源点为基准对齐目标对象；如果缩放，源对象将自动缩放让两源点自动与两目标点完全对齐。

[案例 8.1] 对齐

将图 8-4 中 A 部分与 C 部分中的线 MP 对齐，B 部分与线 MQ 对齐。

操作步骤如下：

(1)绘制直径 20 的半圆 A，长 25、宽 15 的矩形 B，边长 30 的正三角形 C，如图 8-4(a)所示。

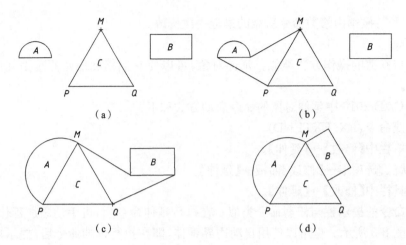

图 8-4　对齐操作

（2）对齐半圆。在命令行输入"AL"后按［Space］键，选取半圆 A 的左侧端点为第一源点，选取三角形 P 点为第一目标点，选取半圆 A 的右侧端点为第二源点，选取三角形 M 点为第二目标点，并进行相应的缩放操作，如图 8-4(b)所示。

（3）对齐矩形。在命令行输入"AL"后按［Space］键，选取矩形 B 的左侧端点为第一源点，选取三角形 M 点为第一目标点，选取矩形 B 的右侧端点为第二源点，选取三角形 Q 点为第二目标点，并选择不缩放，如图 8-4(c)所示。

（4）最终结果如图 8-4(d)所示。

四、合并

合并可以将两相似的图形对象合并为一个对象。比如，将两条直线合并为一条，将多个圆弧合并成一个圆。合并可用于圆弧、椭圆弧、直线、多段线和样条曲线，但是合并操作对对象也有诸多限制。

AutoCAD 2016 中合并对象的命令启动方式如下：

①快捷命令：J(JOIN)。

②菜单栏中【修改】→【合并】。

③【默认】选项卡→【修改】面板→【合并】。

④工具栏中【修改】→【合并】。

运行命令，执行合并操作后，根据命令行提示选择源对象，此时可选择一条直线、多段线、圆弧、椭圆弧、样条曲线或螺旋作为合并操作的源对象。选择完成后，根据选择对象的不同，命令行的提示也不同，并且对所选择的合并到源的对象也有限制；否则合并操作不能进行。

如果所选择的对象为直线，此时要求参与合并的直线对象必须共线（位于同一无限长的直线上），但是它们之间可以有间隙，如图 8-5 所示。图 8-5(a)中的 2 条直线对象位于同一条无限长的直线上，且它们有间隙；将其能合并成一个对象，如图 8-5(b)所示；而像图 8-5(c)这种不在同一条无限长直线上的直线对象则不能合并。

如果所选的对象为圆弧，则和直线的要求一样，被合并的圆弧要求在同一个假想的圆上，但是它们之间可以有间隙。图 8-6(a)所示的圆弧可以合并成一条圆弧，合并后如

图 8-6(b)所示,而如图 8-6(c)所示的圆弧则不能合并。"闭合(L)"选项可将源圆弧转换成圆。

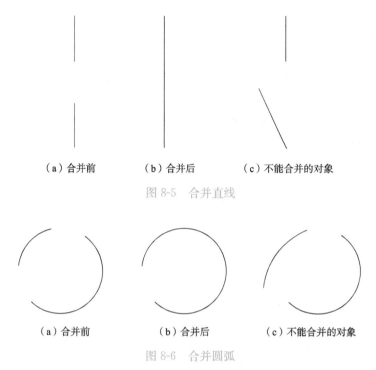

（a）合并前　　　　　（b）合并后　　　　（c）不能合并的对象

图 8-5　合并直线

（a）合并前　　　　　（b）合并后　　　　（c）不能合并的对象

图 8-6　合并圆弧

五、打断

打断操作可以将一个对象打断为两个对象。对象之间可以有间隙,也可以没有间隙。AutoCAD 2016 可以对几乎所有的对象进行打断,但不包括块、标注、文字和面域。打断命令通常用于为图块和文字创建空间。

AutoCAD 2016 中打断对象的命令启动方式如下:

①快捷命令:BR(BREAK)。

②菜单栏中【修改】→【打断】。

③【默认】选项卡→【修改】面板→【打断】。

④工具栏中【修改】→【打断】。

在执行打断命令后,两个指定点之间的对象部分将被删除。如果第二点不在对象上,将选择对象上与该点最接近的点。

要将对象从某一点断开,而不删除,用户可以使用"打断于点"工具在单个点处打断选定的对象,有效对象包括直线、开放的多段线和圆弧。但不能在一点打断闭合对象（如圆和椭圆）。

六、倒角

为了实际使用或加工的需要,在很多零件和设备的边缘处加工倒角。倒角的目的是便于装配,另外还可以防止零件锐利的边割伤手。在设计图纸,尤其是机械设计图纸中随处可见倒角。

AutoCAD 2016 中，能被倒角的对象一般为直线型对象，包括直线、多段线、射线、构造线和三维实体，通过指定两个被倒角的对象来绘制倒角。

AutoCAD 2016 中倒角的命令启动方式如下：

①快捷命令：CHA(CHAMFER)。

②菜单栏中【修改】→【倒角】。

③【默认】选项卡→【修改】面板→【圆角】下拉菜单→【倒角】。

④工具栏中【修改】→【倒角】。

命令启动后，用鼠标拾取指定倒角的第一条直线，完成后命令行继续提示：选择第二条直线，此时指定第二条直线即可完成倒角操作。

倒角操作过程中选择第一条直线时，命令行提示信息中括号里的选项主要用于倒角设置，它们的功能如下：

放弃(U)：恢复在命令中执行的上一个操作。

多段线(P)：用于对整个二维多段线倒角。选择该选项后，可以一次对每个多段线顶点倒角，倒角后的多段线成为新线段。

距离(D)：设置倒角至选定边端点的两个距离。选择该选项后，命令行将依次提示：

指定第一个倒角距离<0.0000>：

指定第二个倒角距离<0.0000>：

这里的"第一个倒角距离"和"第二个倒角距离"对应于倒角操作过程中选择的第一个倒角对象和第二个倒角对象。

角度(A)：用第一条线的倒角距离和第一条线的角度来设置倒角角度，选择该选项后，命令行将依次提示：

指定第一条直线的倒角长度<0.0000>：

指定第一条直线的倒角角度<0>：

修剪(T)：用于设置倒角是否将选定的边修剪到倒角直线的端点。

方式(E)：用于设置是使用两个距离还是一个距离和一个角度来创建倒角。

多个(M)：用于为多组对象的边倒角。选择该选项后，倒角命令将重复，直到用户按[Enter]键结束。

[案例 8.2]　倒角

按照图 8-7 所示，将矩形修改成指定形状。

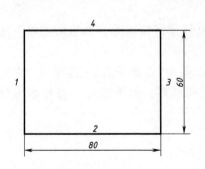
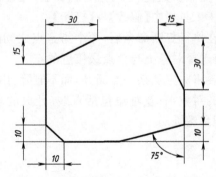

图 8-7　倒角案例

操作步骤:

①绘制长 80、宽 60 的矩形。

②执行倒角命令:

输入 CHA,按[Space]键确认;

③输入"T"按[Space]确认,设置 T 倒角距离模式。

输入 D,按[Space]键确认;

输入第一倒角距离:10,按[Space]键确认;

输入第二倒角距离:10,按[Space]键确认;

鼠标左键分别选择线段 1、线段 2;

结果如图 8-8(a)所示。

④再次执行倒角命令:

输入 CHA,按[Space]键确认;

输入 D,按[Space]键确认;

输入第一倒角距离:15,按[Space]键确认;

输入第二倒角距离:30,按[Space]键确认;

鼠标左键分别选择线段 1、线段 4;

结果如图 8-8(b)所示。

⑤再次执行倒角命令:

输入 CHA,按[Space]键确认;

由于设置的倒角距离默认为上一次设置的数值,因此不必修改;

鼠标左键分别选择线段 4、线段 3;

结果如图 8-8(c)所示。

⑥再次执行倒角命令:

输入 CHA,按[Space]键确认;

输入 A,按[Space]键确认;

输入倒角距离:10,按[Space]键确认;

输入第一条直线的倒角角度:75,按[Space]键确认;

鼠标左键分别选择线段 3、线段 2;

结果如图 8-8(d)所示。

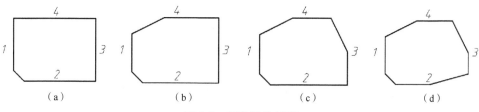

图 8-8　倒角操作过程

小贴士:在进行倒角或圆角操作时,有时会发现操作后对象没有变化,此时应该查看是不是倒角距离或圆角半径为 0 或太小,因为 AutoCAD 默认是将它们设置为 0。

倒角的两个对象可以相交,也可以不相交。如果不相交,AutoCAD 自动将对象延伸并用倒角相连接,但不能对两个相互平行的对象进行倒角操作。

如果对象过短无法容纳倒角距离,则不能对这些对象倒角。

七、圆角

圆角的使用

圆角可以用与对象相切且具有指定半径的圆弧连接两个对象,一般应用于相交的圆弧或直线等对象。与倒角的操作相同,在 AutoCAD 2016 中也是通过指定圆角的两个对象来绘制圆角的。

AutoCAD 2016 中圆角的命令启动方式如下:

①快捷命令:F(FILLET)。

②菜单栏中【修改】→【圆角】。

③【默认】选项卡→【修改】面板→【圆角】下拉菜单→【圆角】。

④工具栏中【修改】→【圆角】。

命令启动后,用鼠标拾取指定圆角的第一条直线,完成后命令行继续提示:选择第二条直线,此时指定第二条直线即可完成圆角操作。

圆角操作过程中选择第一条直线时,命令行提示信息中括号里的选项主要用于圆角设置,它们的功能基本上与倒角的相同,区别只是"半径(R)"选项用于设置圆角的半径。

［案例 8.3］　圆角

绘制平面图形,如图 8-9 所示。

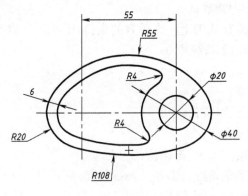

图 8-9　圆角案例

绘图步骤如下:

(1)绘制中心线,并在其上绘制 3 个圆,尺寸如图 8-10(a)所示。

(2)执行"切点、切点、半径"分别绘制两半径为 R55 和 R108 的圆,位置如图 8-10(b)所示。

(3)执行"偏移"命令,将三段圆弧分别向内偏移,距离为 6,如图 8-10(c)所示。

(4)执行"圆角"命令,设置圆角半径为 4,在图 8-10(d)指定位置绘制圆角,修剪掉多余线段,图形绘制完成。

小贴士:圆角的两个对象可以相交,也可以不相交。与倒角不同,圆角可以用于两个相互平行的对象。圆角在用于两个相互平行的对象时无论圆角半径设置的是何值,都是用半圆弧将两个平行对象连接起来。如果对象过短而无法容纳圆角半径,则不能对这些对象进行圆角。

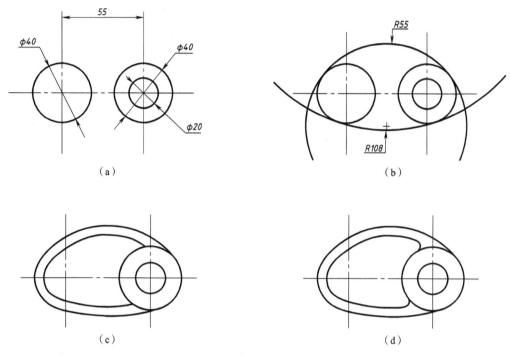

图 8-10 圆角操作过程

知识储备 8.2 修改图形位置

在 AutoCAD 2016 中，可以通过移动和旋转的方式改变图形对象的位置。

一、移动

移动对象是指对象位置的移动，而方向和大小不改变。AutoCAD 2016 可以将原对象以指定的角度和方向移动，配合坐标、栅格捕捉、对象捕捉和其他工具，可以精确移动对象。

AutoCAD 2016 中移动的命令启动方式如下：

①快捷命令：M(MOVE)。

②菜单栏中【修改】→【移动】。

③【默认】选项卡→【修改】面板→【移动】。

④工具栏中【修改】→【移动】。

复制、移动、旋转

命令启动后，可通过基点方式或位移方式移动对象，系统默认为"指定基点"。此时可用单击绘图区某一点，即指定为移动对象的基点。基点可在被移动的对象上，也可不在对象上，坐标中的任意一点均可作为基点。指定基点后，命令行继续提示："指定第二个点或＜使用第一个点作为位移＞"，此时可指定移动对象的第二个点，该点与基点共同定义了一个矢量，指示了选定对象要移动的距离和方向。指定该点后，将在绘图区显示基点与第二点之间的连线，表示位移矢量，如图 8-11 所示。

在指定基点之后，指定目标点时，可以利用相对极坐标的方法，确定移动的方向后，

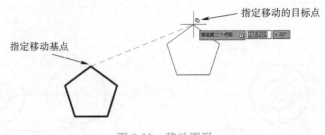

图 8-11　移动图形

直接输入移动的距离来确定图形的移动位置。

二、旋转

旋转对象是指图形对象绕基点旋转指定的角度。

AutoCAD 2016 中移动的命令启动方式如下：

①快捷命令：RO(ROTATE)。

②菜单栏中【修改】→【旋转】。

③【默认】选项卡→【修改】面板→【旋转】。

④工具栏中【修改】→【旋转】。

命令启动后，此时命令行提示指定对象旋转的基点，即对象旋转时所围绕的中心点，可用鼠标拾取绘图区上的点，也可输入坐标值指定点。指定基点后，命令行提示内容为"指定旋转角度，或[复制？/参照？]＜0＞"，此时可以在某角度方向上单击以指定角度，或输入角度值指定角度。指定的角度是该点与基点之间的连线与 X 轴的正向夹角，在系统默认设置下，输入角度值时，输入正值对象沿逆时针方向转动，输入负值对象沿顺时针方向转动，如图 8-12 所示。

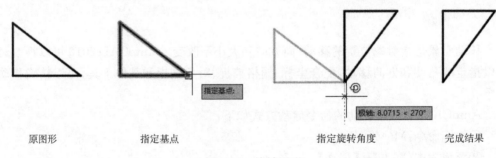

原图形　　　　　　　指定基点　　　　　　　指定旋转角度　　　　　完成结果

图 8-12　旋转图形

其他选项的功能如下。

复制(C)：用于创建要旋转对象的副本，旋转后原对象不会被删除。

参照(R)：用于将对象从指定的角度旋转到新的绝对角度。

知识储备 8.3　复　制　图　形

在 AutoCAD 2016 中，复制、偏移、阵列和镜像操作可以用来创建与原对象相同的副本，且一次可创建多个。

一、复制

复制操作可以将原对象以指定的角度和方向创建对象的副本,配合坐标、栅格捕捉、对象捕捉和其他工具,可以精确复制对象。

AutoCAD 2016 中复制的命令启动方式如下:

①快捷命令:CO(COPY)。

②菜单栏中【修改】→【复制】。

③【默认】选项卡→【修改】面板→【复制】。

④工具栏中【修改】→【复制】。

命令启动后,命令行提示"选择对象:",此时选择要复制的对象后按[Space]键,此时提示信息的第一行显示了复制操作的当前模式为"多个"。复制的操作过程与移动的操作过程完全一致,也是通过指定基点和第二个点来确定复制对象的位移矢量。同样,也可通过鼠标拾取或输入坐标值指定复制的基点,随后命令行提示:"指定第二个点或<使用第一个点作为位移>:"这与移动操作的过程完全相同,区别只是在复制过程中原来的对象不会被删除,而是创建一个对象副本到指定的第二点位置。默认情况下,复制命令将自动重复。要退出该命令,可按[Space]键或[Esc]键。

小贴士:"修改"菜单的"复制"命令与"编辑"菜单的"复制"命令的区别是"编辑"菜单的"复制"命令是将对象复制到系统剪贴板,当另一个应用程序要使用对象时,可将其从剪贴板粘贴出来。例如,可将选择的对象粘贴到 Microsoft Word 或另外一个 AutoCAD 2016 图形文件中。

[案例 8.4] 移动、复制、旋转

利用学习过的移动、复制、旋转及相关的绘图命令,绘制图 8-13 所示图形。

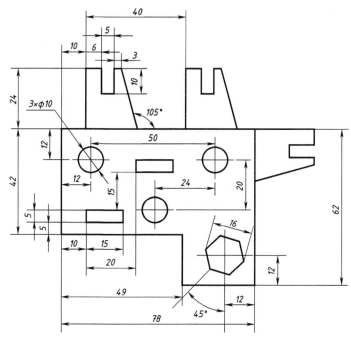

图 8-13 移动、复制、旋转案例

绘图步骤如下：

(1)如图 8-14 所示,利用之前学习过的直线、圆、矩形、正多边形等绘图命令,按照尺寸绘制图形。

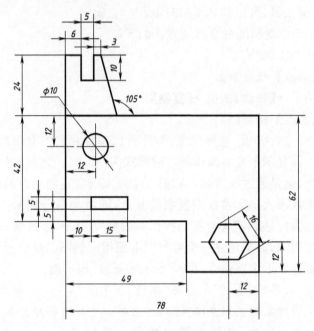

图 8-14　按照尺寸绘制图形

(2)在命令行中输入"M"后按[Space]键,运行移动命令,选择虚线框内图形作为移动对象,选中图形的左下角点为基点,光标水平向右移动,输入"10",按[Space]键确认,结果如图 8-15 所示。

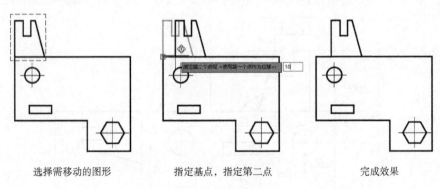

选择需移动的图形　　　　　　　　指定基点,指定第二点　　　　　　　　完成效果

图 8-15　移动图形操作

(3)在命令行中输入"CO"后按[Space]键,运行复制命令,选择虚线框内图形作为被复制对象,选中图形的左下角点为基点,光标水平向右移动,输入"40",复制第一个图形,然后继续复制图形,选中图形的右上顶点,复制第二个图形,按[Space]键结束命令,结果如图 8-16 所示。

(4)在命令行输入"RO"后按[Space]键,运行旋转命令,选择虚线框内图形作为被旋转对象,选中图形的左下角点为基点,输入"-90",旋转图形,结果如图 8-17 所示。

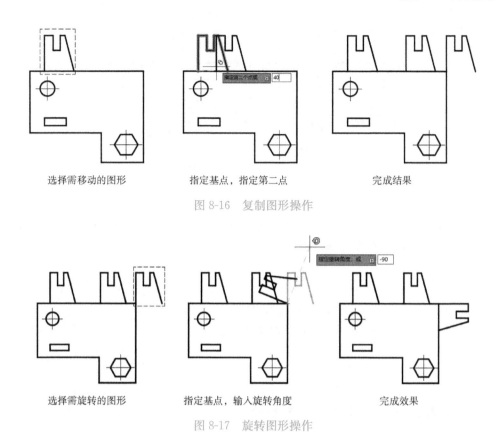

图 8-16　复制图形操作

图 8-17　旋转图形操作

（5）在命令行输入"CO"后按［Space］键，选中左侧小圆，选择圆心为基点，水平向右，输入距离 50，复制第一个圆。继续运行复制命令，选中右侧新复制得到的小圆，选择圆心为基点，竖直向下，输入距离 20，复制得到第二个圆。输入"M"后按［Space］键，运行移动命令，选中右下侧小圆，选择圆心为基点，水平向左，输入移动距离 24，结果如图 8-18 所示。

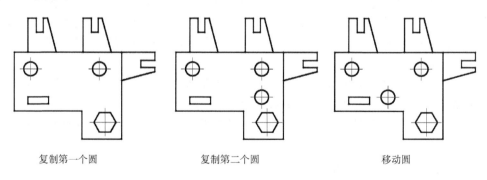

复制第一个圆　　　　　　　　　　复制第二个圆　　　　　　　　　　移动圆

图 8-18　复制、移动圆

（6）在命令行输入"CO"后按 ［Space］键，选中左下侧矩形，选择矩形左下角点为基点，竖直向上，输入距离 20，得到一个矩形。输入"M"后按［Space］键，运行移动命令，选中复制得到的矩形，选择矩形右下角点为基点，水平向右，输入移动距离 20，结果如图 8-19 所示。

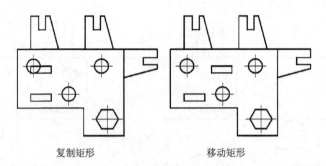

复制矩形　　　　　　　　移动矩形

图 8-19　复制、移动矩形

（7）在命令行输入"RO"后按［Space］键，运行旋转命令，选择正六边形作为被旋转对象，选中图形的中心为基点，输入"45"，旋转图形，结果如图 8-20 所示。

二、偏移

偏移用于创建其造型与原始对象造型平行的新对象，可以用偏移命令创建同心圆、平行线和平行曲线等。

AutoCAD 2016 中偏移的命令启动方式如下：

①快捷命令：O(OFFSET)。

②菜单栏中【修改】→【偏移】。

③【默认】选项卡→【修改】面板→【偏移】。

④工具栏中【修改】→【偏移】。

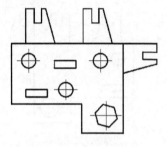

图 8-20　效果图

命令启动后，命令行提示显示了当前的偏移设置为不删除偏移源、偏移后对象仍在原图层，OFFSETGAPTYPE 系统变量的值为 0。此时按命令提示进行下一步操作，此时可指定偏移距离或选择括号中的选项。"指定偏移距离"即指定偏移后的对象与现有对象的距离，输入距离的数值后，命令行将继续提示："选择要偏移的对象，或［退出/放弃(U)］＜退出＞"，此时选择要偏移的对象，按［Space］键或右击完成选择。偏移操作只允许一次选择一个对象，但是偏移操作会自动重复，可以偏移一个对象后再选择另一个对象。选择偏移对象后，命令行提示："指定要偏移的那一侧上的点，或［退出/多个(M)/放弃(U)］＜退出＞"，此时在对象一侧的任意一点单击即可完成偏移操作。

偏移操作其他选项的含义如下：

通过(T)：通过指定点来偏移对象。此时可在要通过的点上单击，即完成偏移操作。

删除(E)：用于设置是否在偏移源对象后将其删除。

图层(L)：用于设置是将偏移对象创建在当前图层上还是源对象所在的图层上。

［案例 8.5］　偏移

采用偏移、修剪命令绘制图 8-21 所示图形。

绘图步骤如下：

（1）使用"矩形"命令绘制长和宽均为 80 的矩形，使用"直线"命令连接矩形的两条对角线，结果如图 8-22(a)所示。

（2）在命令行输入"O"后按［Space］键，运行偏移命令，输入偏移距离 10，选择要偏移的对角线，单击偏移侧为两

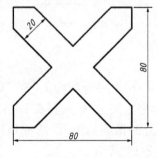

图 8-21　偏移案例

侧,结果如图 8-22(b)所示。

（3）使用"删除"命令删除两条对角线。使用"修剪"命令将图形修剪至如图 8-22(c)所示。

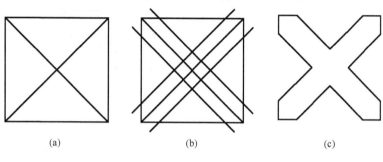

（a）　　　　　　　　　　（b）　　　　　　　　　　（c）

图 8-22　效果图

三、阵列

利用阵列命令可以创建按指定方式排列的对象副本。用户可以在均匀分布的矩形、环形或路径阵列中复制对象副本。系统变量控制可在阵列创建后是删除还是保留阵列的源对象。

AutoCAD 2016 中阵列的命令启动方式如下：

①快捷命令：AR(ARRAY)。

②菜单栏中【修改】→【阵列】→【矩形阵列】/【环形阵列】/【路径阵列】。

③【默认】选项卡→【修改】面板→【阵列】下拉菜单→(【矩形阵列】/【环形阵列】/【路径阵列】)。

④工具栏中【修改】→【阵列】→【矩形阵列】/【环形阵列】/【路径阵列】。

命令执行后,命令行中三种阵列方式通用选项含义如下：

选择对象：指定要阵列的对象。

关联：项目包含在单个阵列对象中,类似于块,编辑阵列对象的特性,例如间距或项目数,替代项目特性或替换项目的源对象,编辑项目的源对象可以更改参照源对象而生成的所有项目。不选择关联阵列中的项目将创建为独立的对象,更改一个项目不影响其他项目。

阵列方式有矩形阵列、环形阵列和路径阵列三种,下面将详细讲解三种阵列方式。

1. 矩形阵列

如图 8-23 所示,矩形阵列是按照矩形排列方式创建多个对象的副本。在矩形阵列中,项目分布到任意行、列和层的组合。动态预览可允许用户快速获得行和列的数量和间距。添加层可以生成三维阵列。通过拖动阵列夹点,可以增加或减小阵列中的行和列的数量和间距。

命令行或面板中的选项含义如下：

基点(B)：编辑阵列的基点,指定阵列的起点。

计数(COU)：输入行阵列项目数和列阵列项目数。

间距(S)：输入行间距或者列间距。

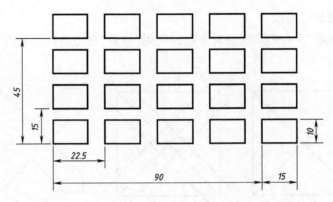

图 8-23　矩形阵列

行数(R)：编辑阵列中的行数和行间距，以及它们之间的增量标高。

列数(COL)：编辑列数和列间距

层数(L)：指定层数和层间距。

2. 路径阵列

如图 8-24 所示，路径阵列是沿路径或部分路径均匀创建对象副本。阵列路径可以是直线、多段线、三维多段线、样条曲线、螺旋、圆弧、圆或椭圆。

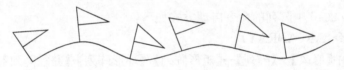

图 8-24　路径阵列

命令行或面板中的选项含义如下：

方法(M)：选择沿路径阵列的方法，是指定在该路径的阵列数还是路径中每个阵列的距离。

基点(B)：编辑阵列的基点。

切向(T)：指定沿路径阵列的方向。

项目(I)：编辑阵列中的项目数。

行(R)：指定阵列中的行数和行间距，以及它们之间的增量标高。

层(L)：指定阵列中的层数和层间距。

对齐项目(A)：指定是否对齐每个项目以与路径的方向相切。注意对齐选项控制是保持起始方向还是继续沿着相对于起始方向的路径重定向项目。

Z 方向(Z)：控制是否保持项目的原始 Z 方向或沿三维路径自然倾斜项目。

3. 环形阵列

如图 8-25 所示，环形阵列是将选取的对象绕指定的旋转中心旋转一定的角度。用户可以指定两旋转对象之间的角度，也可以指定总旋转角度。

命令行或面板中的选项含义如下：

中心点或[基点(B)/旋转轴(A)]：指定分布阵列项目所围绕的点，或可指定基点和旋转轴，基点是在关联阵列中在源对象上指定的关键点，旋转轴是指由两个指定点定义的旋转轴。

项目(I)：编辑阵列中的项目数。

项目间角度(A)：使用值或表达式指定两相邻项目间的角度。

填充角度(F)：使用值或表达式指定阵列中第一个和最后一个项目间的角度。

行(ROW)：编辑阵列中的行数和行间距，以及它们之间的增量标高。

层(L)：编辑阵列中的层数和层间距。

旋转项目(ROT)：控制在排列项目时是否旋转项目。如选择是，则由阵列复制的项目将随着角度的变化而旋转，使其和中心点对正；如选择否，则由阵列复制的项目将和源对象方向保持一致。

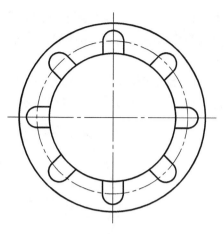

图 8-25 环形阵列

[案例 8.6] 阵列

采用阵列命令绘制如图 8-26 所示图形。

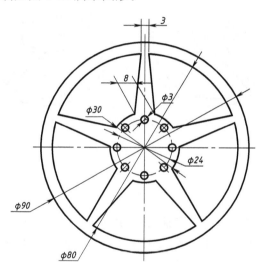

图 8-26 采用阵列命令绘图

绘图步骤如下：

(1)绘制中心线，以两中心线交点为圆心，绘制直径为 $\phi 90$、$\phi 80$、$\phi 30$ 的粗实线圆和 $\phi 24$ 的中心线圆，以 $\phi 24$ 的圆和中心的交点为圆心，绘制直径为 $\phi 3$ 的圆，如图 8-27(a)所示。

(2)在命令行输入"O"后按[Space]键，运行偏移命令，输入偏移距离 4，选择竖直中心线，分别向左右各偏移一条线。再次运行偏移命令，输入偏移距离 1.5，选择竖直中心线分别向左右各偏移一条线，用粗实线绘制两连接线，效果如图 8-27(b)所示。

(3)在命令行输入"AR"后按[Space]键，选择环形阵列，选择两粗实线绘制的斜线为阵列对象，选中十字中心线交点为阵列中心点，在阵列面板中输入项目数为 5，填充总角度为 360°。再次执行环形阵列步骤,选择直径为 φ3 的小圆为对象,选中十字中心线交点为阵列中心点,在阵列面板中输入项目数为 8,填充总角度为 360°,如图 8-27(c)所示。

(4)修剪图形,在命令行输入"TR"后按两次[Space]键,选取要修剪的图素直接进行修剪,修剪效果如图 8-27(d)所示。

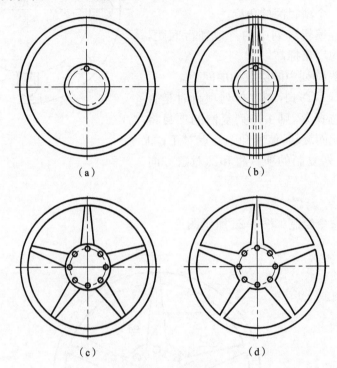

(a)   (b)

(c)   (d)

图 8-27   绘图过程

四、镜像

镜像操作用于将对象相对指定轴(镜像线)翻转并创建对称的镜像图像。镜像对绘制对称的图形非常有用,可以先绘制半个图形,然后将其镜像,而不必绘制整个图形。

AutoCAD 2016 中镜像的命令启动方式如下:

①快捷命令:MI(MIRROR)。

②菜单栏中【修改】→【镜像】。

③【默认】选项卡→【修改】面板→【镜像】。

④工具栏中【修改】→【镜像】。

命令启动后,按命令行提示选择要镜像的对象,按[Space]键确认。指定镜像线的第一点和第二点,确定镜像对称轴。命令行提示"要删除源对象吗?[是(Y)/否(N)]<N>",此时可选择是否删除被镜像的源对象。选择"是(Y)",将镜像的图像放置到图形中并删除原始对象;选择"否(N)",将镜像的图像放置到图形中并保留原始对象。

小贴士:默认情况下,镜像文字对象时,不更改文字的方向。如果确实要反转文字,可在命令行中输入 MIRRTEXT 后按[Space]键,将系统变量设置为 1。

［案例 8.7］　镜像

用镜像命令绘制如图 8-28 所示图形。

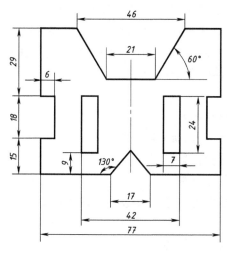

图 8-28　采用镜像命令绘图

绘图步骤如下：

(1)按照图 8-28 所示的尺寸要求，使用"直线""偏移""修剪"等命令绘制图 8-29(a)所示图形。

(2)在命令行中输入"MI"后按［Space］键，运行"镜像"命令，选择已经绘制好的图形作为镜像源对象，按［Space］键确认。命令行提示选择镜像线的第一点，选择中心线的一个端点，提示选择镜像线的第二点，选择中心线的另一个端点，如图 8-29(b)所示；命令行提示是否删除源对象，选择"否＜N＞"，结果如图 8-29(c)所示。

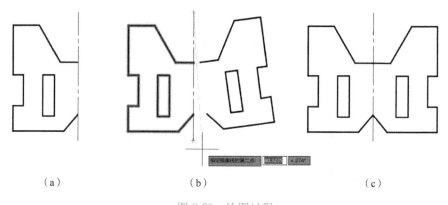

(a)　　　　　　　　　　　(b)　　　　　　　　　　　(c)

图 8-29　绘图过程

知识储备 8.4　改变图形大小

在 AutoCAD 2016 中，可以通过拉伸、拉长和缩放的方式改变图形对象的大小。

矩形、拉伸、缩放

一、拉伸

拉伸操作用于重新定位交叉选择窗口部分的对象的端点。拉伸操作根据对象在选择窗口内状态的不同而进行不同的操作:被交叉窗口部分包围的对象将进行拉伸操作,对完全包含在交叉窗口中的对象或单独选定的对象将进行移动操作而不是拉伸。

AutoCAD 2016 中拉伸的命令启动方式如下:

①快捷命令:STR(STRETCH)。

②菜单栏中【修改】→【拉伸】。

③【默认】选项卡→【修改】面板→【拉伸】。

④工具栏中【修改】→【拉伸】。

命令运行后,各选项的含义如下:

选择对象:使用交叉选取方式选取要进行拉伸的对象。

指定基点:指定拉伸基点。拉伸的距离以此基点为基准计算。

指定第二个点:指定拉伸的终点。

指定位移(D):输入 X、Y、Z 方向的拉伸位移值。

使用距离拉伸时,用坐标指定相对距离和方向。指定的两点定义了一个矢量,指示拉伸对象的顶点或端点拉伸结果离原位置有多远以及以哪个方向进行拉伸。

小贴士:如果直接选取对象,采用拉伸命令是移动效果;如果窗口完全包含选定的对象,采用拉伸命令也是移动效果。只有当采用从右向左的交叉选取方式而且是部分包含选定对象,采用拉伸命令才是拉伸的效果。某些图形对象,如圆、椭圆、块等是无法拉伸的。

二、缩放

缩放命令可以将图形对象放大或缩小,并使缩放后的对象按比例保持不变。要缩放对象,需指定基点和比例因子。基点将作为缩放操作的中心,并保持静止。比例因子大于 1 时将放大对象,介于 0~1 时将缩小对象。

AutoCAD 2016 中缩放的命令启动方式如下:

①快捷命令:SC(SCALE)。

②菜单栏中【修改】→【缩放】。

③【默认】选项卡→【修改】面板→【缩放】。

④工具栏中【修改】→【缩放】。

命令运行后,选择需要缩放的对象,按[Enter]键确认,指定基点后,命令行中出现的提示选项含义如下:

比例因子:按指定的比例放大或缩小选定对象的尺寸。大于 1 时将放大对象,介于 0~1 时将缩小对象,还可以通过拖动光标使对象放大或缩小。

复制(C):创建要缩放的选定对象的副本。

参照(R):按参照长度和指定的新长度缩放所选对象。

[案例 8.8] 拉伸、缩放

用拉伸、缩放命令绘制图 8-30 所示图形。

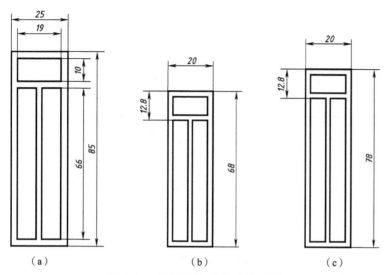

图 8-30　采用拉伸、缩放命令绘图

绘图步骤如下：

（1）使用"直线""矩形""移动"命令绘制图 8-30（a）所示图形。

（2）使用"复制"命令，将绘制好的图形水平向右复制一个新的图形。在命令行中输入"SC"后按［Space］键，运行"缩放"命令，选择图形的左下角点为基点，输入比例因子为0.8，按［Space］键确认，效果如图 8-30（b）所示。

（3）将缩小后的图形水平向右复制一个新图形。在命令行输入"STR"后按［Space］键，运行"拉伸"命令，使用由右向左的交叉窗口选择对象，如图 8-31 所示，按［Space］键确认，指定拉伸的基点，光标水平向上，输入拉伸距离 10，效果如图 8-30（c）所示。

三、拉长

拉长命令主要用来更改线段的长度和圆弧的包含角。

AutoCAD 2016 中拉长的命令启动方式如下：

①快捷命令：LEN（LENGTHEN）。

②菜单栏中【修改】→【拉长】。

③【默认】选项卡→【修改】面板→【拉长】。

④工具栏中【修改】→【拉长】。

命令运行后，各项提示的含义如下：

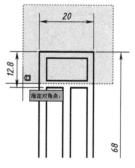

图 8-31　选择拉伸对象

增量（DE）：以指定的增量修改对象的长度或圆弧的角度，该增量从距离选择点最近的端点处开始测量。输入为正值表示扩展对象，为负值表示修剪对象。

百分数（P）：通过指定对象总长度的百分数设定对象长度。

全部（T）：通过指定从固定端点测量的总长度的绝对值来设定选定对象的长度，或按照指定的总角度设置选定圆弧的包含角。

动态（DY）：打开动态拖动模式。通过拖动选定对象的端点之一来更改其长度。其他端点保持不变。

拉长后的效果如图 8-32 所示。

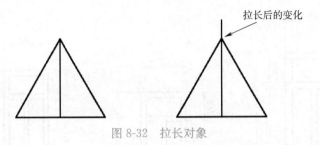

图 8-32 拉长对象

任务 8.1 绘制复杂平面图形

任务描述

(1)在项目 7 的基础上,通过练习进一步巩固绘图命令。

(2)熟练使用各种图形编辑修改命令修改图形。

(3)绘制图 8-33~图 8-38 所示的图形。

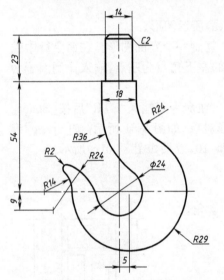

图 8-33 复杂平面图形一

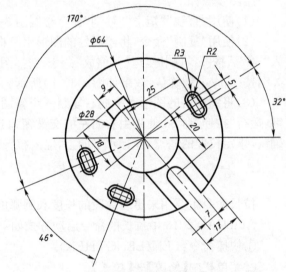

图 8-34 复杂平面图形二

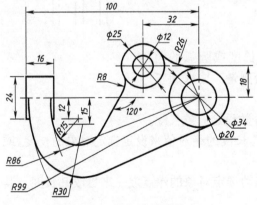

图 8-35 复杂平面图形三

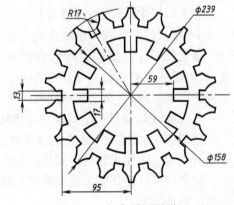

图 8-36 复杂平面图形四

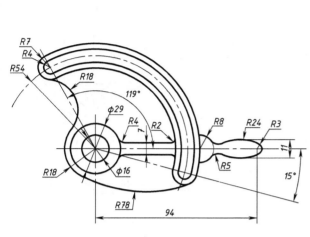

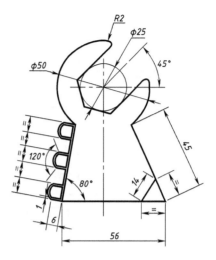

图 8-37　复杂平面图形五　　　　　　图 8-38　复杂平面图形六

任务实施

(▶) 步骤 1　建立中心线层、绘图层、标注层，并按要求设置各图层的线型和颜色。

(▶) 步骤 2　在中心线图层上绘制中心线(参考线)。

(▶) 步骤 3　在绘图层上绘制图形。

(▶) 步骤 4　在标注层上完成标注。

任务 8.2　绘制零件图

任务描述

(1)在项目 3 的知识储备基础上，绘制图 8-39～图 8-41 所示的图形。

(2)训练各种命令的综合使用，提高绘图速度，视图表达和尺寸标注应符合国家标准。

任务实施

(▶) 步骤 1　打开之前制作好的图形绘制样板文件。

(▶) 步骤 2　画中心线，布置各视图位置。

(▶) 步骤 3　绘制零件图形。

(▶) 步骤 4　标注尺寸。

(▶) 步骤 5　检查、保存。

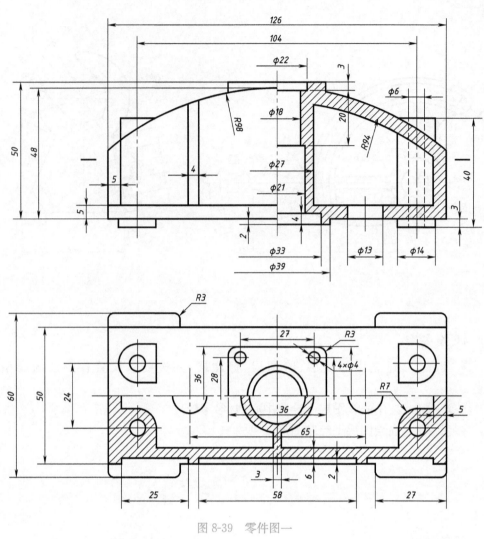

图 8-39　零件图一

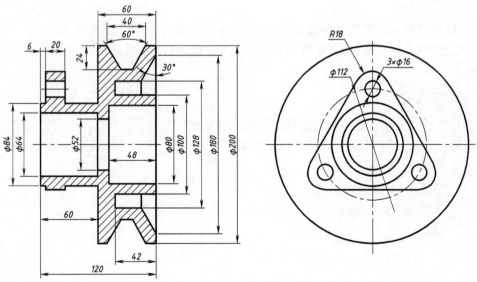

图 8-40　零件图二

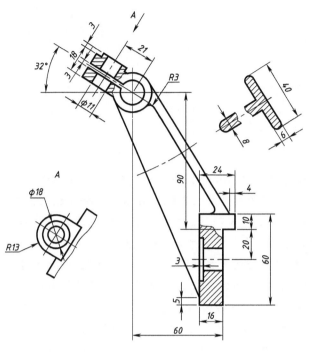
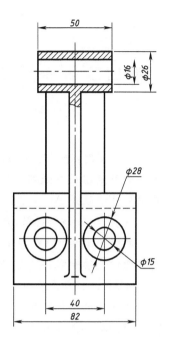

图 8-41　零件图三

思　考　题

练习 AutoCAD 2016 常用图形编辑命令。

项目 **9** 尺寸标注、文字注释与参数化约束

在绘图时，除了绘制图形外，图形尺寸标注、图纸的标题栏和技术性说明等注释性文字对象是组成图纸不可或缺的部分，可以使客户更直观地了解图形所要表达的信息。其中尺寸标注是 AutoCAD 的重点，也是难点。本项目通过标注样式管理器的介绍和常用标注、文字命令的讲解，让学生掌握尺寸标注和文字注释的基本知识。

新版 AutoCAD 在原有版本的二维绘图功能上添加了参数化约束功能，设计者可以随心所欲地绘制零件图形的大概形状，添加必要的参数化约束后再根据实际添加必要的尺寸，并进行动态修改。由于有约束关系，标注修改将变得比以前更加方便。参数化对应的功能包括几何约束和标注约束两个方面。在绘制的图形之间存在关联关系，或需要用函数公式绘制图形的情况下，使用约束功能可以极大地提升绘图效率，并且十分便于设计方案的后续修改。

【知识目标】
★ 掌握尺寸组成和标注样式的含义。
★ 熟练掌握标注样式的创建与设置方法。
★ 熟练掌握各种尺寸的标注方法。
★ 掌握文字样式的设置。
★ 熟练掌握单行文字及多行文字的创建和编辑。
★ 熟练掌握各种几何约束和尺寸约束方式。

【能力目标】
★ 能够熟练创建并设置标注样式、文字样式。
★ 能够正确、完整、清晰地为零件图形标注尺寸。
★ 能够创建图纸的标题栏、技术性说明等注释文字。
★ 能够运用参数化约束绘制复杂的二维图形。

知识储备 9.1 尺 寸 标 注

一、标注样式

在使用 AutoCAD 绘制工程图时，用户可以根据国家标准或行业标准创建标注样式，以快速指定标注的格式，并确保标注符合行业标准。

"标注样式管理器"可以设置尺寸标注样式，如标注文字的字体、高度，箭头的形状、大小，尺寸线和尺寸界线的放置等。命令的启动方式如下：

①快捷命令：D(DDIM)。

②菜单栏中【标注】→【样式】，或者菜单栏中【格式】→【标注样式】。

③【默认】选项卡→【注释】面板→【标注样式】。

④工具栏中【标注】→【标注样式】。

"标注样式管理器"对话框如图 9-1 所示。

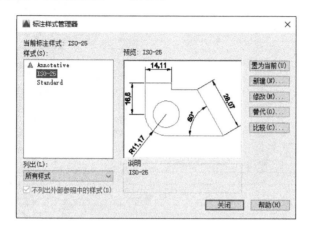

图 9-1　"标注样式管理器"对话框

单击"标注样式管理器"对话框中"新建"按钮，弹出"创建新标注样式"对话框。在"新样式名"文本框中输入新的名字，在"基础样式"中确定基础样式，通过"用于"下拉菜单确定新建样式的适用范围，单击"继续"按钮，弹出图 9-2 所示的"新建标注样式"对话框。

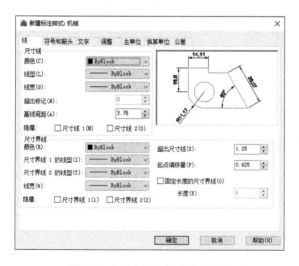

图 9-2　"新建标注样式"对话框

标注样式的选项卡主要包括线、符号和箭头、文字、调整、主单位、换算单位和公差，如图 9-3 所示。标注样式需根据机械制图国家标准进行设置。

二、常用的尺寸标注

常用的尺寸标注命令包括线性标注、对齐标注、角度标注、半径标注、直径标注、弧长标注、坐标标注和引线标注等。尺寸标注的命令启动主要是通过快捷命令输入、菜单栏和功能区中"注释"面板等方式,下面分别说明各种标注尺寸命令的应用。

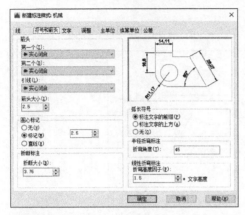
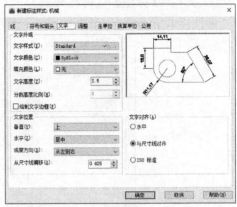
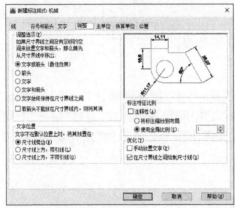
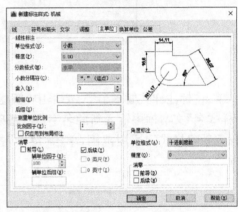

图 9-3 "新建标注样式"对话框各选项卡界面

1. 线性标注 DLI(DIMLINEAR)

标注的对象为垂直和水平方向的长度尺寸,在标定尺寸时可以利用"对象捕捉"功能,指定被标注对象的两个端点,再指定尺寸线位置和标注文字即可,如图 9-4 所示。

2. 对齐标注 DAL(DIMALIGNED)

标注的对象为斜线的长度尺寸,标定尺寸的步骤类似于线性标注,图例类型如图 9-4 所示。

3. 角度标注 DAN(DIMANGULAR)

标注的对象为两线段夹角、三个点之间的角度或者圆弧的圆心角,如图 9-5 所示。

4. 半径标注 DRA(DIMRADIUS)

标注的对象为圆或圆弧的半径尺寸,如图 9-6 所示。

5. 直径标注 DDI(DIMDIAMETER)

标注的对象为圆或圆弧的直径尺寸,如图 9-6 所示。

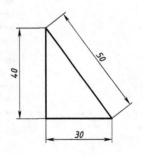

图 9-4 线性标注和
对齐标注

图 9-5　角度标注的多种形式

6. 弧长标注 DAR(DIMARC)

标注的对象为圆弧的长度尺寸,如图 9-7 所示。

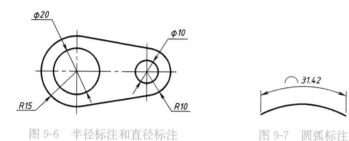

图 9-6　半径标注和直径标注　　　　图 9-7　圆弧标注

7. 坐标标注 DOR(DIMORDINATE)

标注的对象是基准点到特征点的垂直距离,默认的基准点为当前坐标的原点。坐标标注由 X 或 Y 值和引线组成:X 方向坐标值是沿 X 轴测量特征点到基准点的距离,尺寸线和标注文字为垂直方向;Y 方向坐标值是沿 Y 轴测量的距离,尺寸线和标注文字为水平放置,如图 9-8 所示。

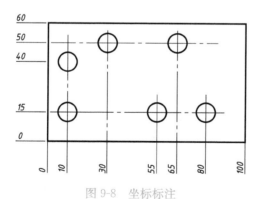

图 9-8　坐标标注

8. 多重引线标注 MLEADER

在机械制图中,通常需要借用引线来标记一些注释性文字或装配图中零件序号。引线通常包含箭头、引线、水平基线、多行文字或块。引线可以是直线、也可以是曲线。

AutoCAD 2016 中设置引线标注的启动方式如下:

①快捷命令:MLEADERSTYLE。

②菜单栏中【标注】→【多重引线样式】。

③【注释】选项卡→【引线】面板→【多重引线样式】。

④【多重引线】工具栏→【多重引线样式】。

执行多重引线标注样式设置命令后,弹出"多重引线样式管理器"对话框,如图 9-9 所示。单击"新建"按钮会建立一个新的样式,单击"修改"按钮会修改已有的引线样式。在"修改多重引线样式"对话框中有"引线格式""引线结构""内容"三个选项卡。设置的内容如图 9-10 所示。

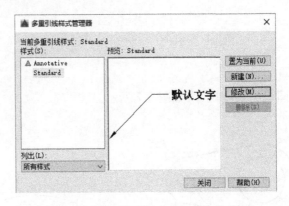

图 9-9 "多重引线样式管理器"对话框

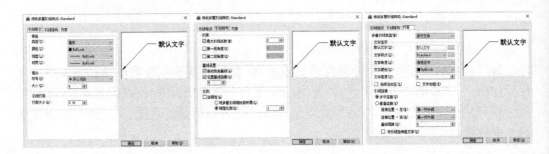

图 9-10 多重引线样式选项卡

启动多重引线标注命令方式如下:
①快捷命令:MLEADER。
②菜单栏中【标注】→【多重引线】。
③【注释】选项卡→【引线】面板→【多重引线】。
④【多重引线】工具栏→【多重引线】。

执行"多重引线"命令后,单击图 9-11 所示的螺栓零件的任意一点,指定引线基线的位置,输入属性值并确认。完成 1 号零件标注后,重复上述步骤标注 2、3、4、5 号零件。

在"注释"选项卡的"多重引线"面板和"多重引线"工具栏中有"添加引线""删除引线""对齐引线"和"合并引线"4 种编辑工具,它们的功能分别是:"添加引线"可将一个或多个引线添加至选定的多重引线对象;"删除引线"可从选定的多重引线对象中删除引线;"对齐引线"将各个多重引线对齐,效果如图 9-12 所示;"合并引线"将内容为块的多重引线对象合并到一个基线上,效果如图 9-13 所示。

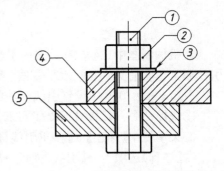

图 9-11 多重引线标注

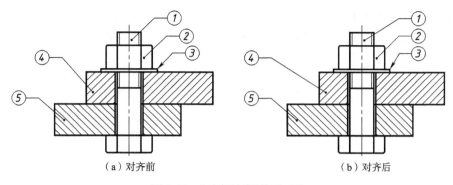

图 9-12　"对齐引线"前后对比

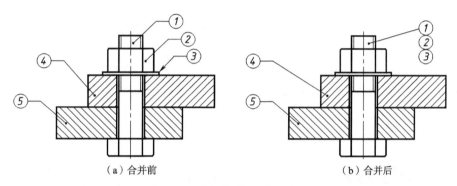

图 9-13　"合并引线"前后对比

知识储备 9.2　文 字 注 释

一、设置文字样式

在为图形添加文字注释之前，应先设置文字样式，"文字样式"可以设置文字的字体、大小和效果。命令的启动方式如下：

①快捷命令：STYLE。

②菜单栏中【格式】→【文字样式】。

③【默认】选项卡→【注释】面板→【文字样式】。

④【注释】选项卡→【文字】面板→【文字样式】。

"文字样式"对话框如图 9-14 所示。

文字输入

"文字样式"对话框的"样式"列表框中列出了所有的文字样式，包括默认的文字样式"Standard"和用户自定义的样式。"样式"列表框下方是文字样式预览窗口，可对所选择的样式进行预览。

在"字体"选项组中通过下拉列表框可以选择文字样式的字体。在 AutoCAD 中，大字体是指专门为亚洲语言设计的特殊类型，可通过在字体列表框中选择 shx 文件作为文字样式的字体，然后勾选"使用大字体"复选框即可。"大字体"下拉列表框中的gbcbig. shx 为简体中文字体，chineset. shx 为繁体中文字体。

在"大小"选项组中可设置文字的大小，文字"高度"默认为 0.0000。如果设置"高度"为 0.0000,则每次用该样式输入文字时,文字高度默认值为 0.2,且每次使用"单行文字"输入文字时都需设置高度;如果输入大于 0.0000 的高度值则为该样式设置固定的文字高度。

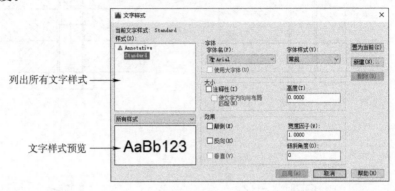

图 9-14　"文字样式"对话框

在"效果"选项组中可设置文字的显示效果,共有"颠倒""反向""垂直""宽度因子""倾斜角度"五种,其设置效果如图 9-15 所示。

图 9-15　设置文本样式的效果

二、单行文字

对于不需要多种字体和格式的简短文字,可以创建单行文字。虽然名称为单行文字,但是在创建过程中可以按[Enter]键换行。"单行"的含义是每行文字都是独立的对象,可对其进行单独修改。单行文字的命令启动方式如下:

①快捷命令:DT(TEXT)。

②菜单栏中【绘图】→【文字】→【单行文字】。

③【默认】选项卡→【注释】面板→【单行文字】。

命令执行后,依据命令提示按步骤指定文字起点,设置对正方式和设置当前文字样式。之后进入文字书写状态,按[Enter]键换行;完成文字输入后,连续两次按[Enter]键或按[Esc]键,可结束命令。

三、多行文字

"多行文字"是一种更易于管理的文字对象,可以由任意数目的文字行或段落组成,而且各行文字作为一个整体处理。在机械制图中,常使用多行文字创建较为复杂的文字说明,如图样的技术要求等。其命令的启动方式如下:

①快捷命令:MT(MTEXT)。

②菜单栏中【绘图】→【文字】→【多行文字】。

③【默认】选项卡→【注释】面板→【多行文字】。

④【绘图】工具栏→【多行文字】。

命令执行后,在绘图区指定一个用来放置文字的矩形窗口,将显示多行文字编辑器,如图 9-16 所示。

图 9-16 "草图与注释"工作空间的多行文字编辑器

多行文字编辑器比单行文字编辑器复杂,主要分为"多行文字"功能区和文本输入区两部分。实现的功能也较多,除了文字的字体、字高、颜色、对正方式的设置,还包括给文字加特殊符号、堆叠和设置行距等。

四、创建特殊字符

在实际设计绘图中,往往需要标注一些特殊字符。例如,在文字的上方或下方添加画线,标注度"°""±""φ"等符号。这些特殊字符不能从键盘上直接输入,因此 AutoCAD 提供了相应的控制符(见表 9-1),以实现这些标注要求。

表 9-1 AutoCAD 常用的标注控制符

控 制 符	功 能
%%O	打开或关闭文字上画线
%%U	打开或关闭文字下画线
%%D	标注度"°"符号
%%P	标注正负公差"±"符号
%%C	标注直径"φ"符号

使用"多行文字"命令中的字符功能,可以很方便地创建特殊字符。如图 9-17 所示,在多行文字编辑器中单击符号"@"按钮,即可方便添加。

五、编辑文字注释

"编辑文字"命令主要用于修改编辑已有的文字对象，或者为文字对象添加前缀或后缀等内容。可通过以下几种方法实现。

①快捷命令：DDEDIT。

②菜单栏中【修改】→【对象】→【文字】→【编辑】。

③双击要编辑的文字对象。

此时只能选择文字对象或其他注释性对象，随后会弹出文字编辑器，其操作与创建文字对象时基本相同。

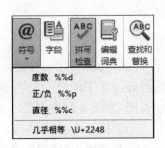

图 9-17　多行文字编辑器
中的符号输入

知识储备 9.3　几何约束和尺寸约束

参数化约束功能和 AutoCAD 早期的制图方式完全不一样，早期设计者在绘图之前必须对产品的形状、位置等各种属性有全面完整的构思，设计出的图形只有图素的几何信息，没有图素之间的约束关系，即修改其中某一个图形元素对其他的图素没有影响。

新版本的 AutoCAD 在原有的二维绘图功能的基础上添加了参数化约束功能，设计者可以随心所欲地绘制好产品的大概形状，添加必要的参数化约束后再根据实际添加必要的尺寸，并进行动态修改，之前绘制的图形会随着标注尺寸的变化而变化，且各图素之间仍保持原有约束过的相对位置关系。因此，绘图设计将变得更加方便。

一、参数化基本概念

参数化图形是一项用于使用约束进行设计工作的技术，约束是应用于二维几何图形的关联和限制。常用的约束类型有两种，即几何约束和标注约束。

①几何约束控制对象相对于彼此的位置关系。

②标注约束控制对象的距离、长度、角度和半径值。

当使用约束时，图形会处于以下三种状态之一。

①未约束。未将约束应用于任何几何图形。

②欠约束。将某些约束应用于几何图形。

③完全约束。将所有相关几何约束和标注约束应用于几何图形。完全约束的一组对象还需要包括至少一个固定约束，以锁定几何图形的位置。

在 AutoCAD 2016 中，参数化的指令位置如图 9-18 所示。

图 9-18　"草绘与注释"工作空间的参数化选项卡

二、几何约束

几何约束是对象之间的相对位置约束，主要是约束几何对象之间的位置关系。以重合约束为例，其各种几何约束的启动命令均如下：

①快捷命令：参见下文各约束。

②菜单栏中【参数化】→【几何约束】→【重合】。

③【参数化】选项卡→【几何约束】面板→【重合】。

④【参数化】工具栏→【重合】。

1. 重合约束　GCCO(GCCOINCIDENT)

"重合"约束可以使对象上的约束点与某个对象重合，也可以使其与另一个对象上的约束点重合。在选取点重合时，用户需要选取两个点，使它们约束重合；在选取点和某对象重合时，约束点可以在对象上或者对象经过的指定点。

一般情况下，应用约束时选择两个对象的顺序十分重要。通常，所选的第二个对象会根据第一个对象进行调整。例如，应用点约束重合时，选择的第二个点将调整为与第一个点重合。

2. 水平约束　GCHORIZONTAL

"水平"约束是使直线或点对位于与当前坐标系的 X 轴平行的位置。

3. 竖直约束　GCVERTICAL

"竖直"约束用来约束直线、多段线线段、椭圆、多行文字、两个有效约束点等，使其放置于与 Y 轴平行方向，即竖直。

4. 垂直约束　GCPERPENDICULAR

"垂直"约束可以约束直线、多段线线段、椭圆轴、多行文字等对象相互垂直成 $90°$。两对象即使不相交也可以约束垂直。

5. 平行约束　GCPARALLEL

"平行"约束可以对直线、多段线线段、椭圆轴、多行文字等对象约束相互平行。

6. 相切约束　GCTANGENT

"相切"约束可将两条曲线约束为保持彼此相切或其延长线保持彼此相切，即使该圆与该直线不相交。

7. 同心约束　GCCONCENTRIC

"同心"约束可将两个圆弧、圆或椭圆约束到同一个中心点。约束同心后，当改变一个圆的位置时，另一个圆会始终保持跟此圆同心。

8. 共线约束　GCCOLLINEAR

"共线"约束可使两条或多条直线段沿同一直线方向，可以约束直线、多段线线段、椭圆轴、多行文字等对象共线。

9. 相等约束　GCEQUAL

"相等"约束可将选取的圆约束成半径相等，选取的直线约束长度相等。可以一次选取多个圆弧或一次选取多条直线进行约束。

10. 对称约束　GCSYMMETRIC

"对称"约束可将直线的端点或圆心相对于对称轴约束对称。用户也可采用对象约束对称,如果对象是直线,则直线角度关于对称轴对称;如果对象是圆,则圆心和半径相对于对称轴对称。

11. 固定约束　GCFIX

"固定"约束可以将点或者对象固定在当前位置,如果点是固定的,则对象可以绕点移动;如果对象固定,则对象本身锁定无法移动。

固定约束通常在绘图时用于将某个定尺寸的已知条件进行固定,然后再绘制其他可变部分并进行约束,这样就不会影响到固定部分。

图 9-19 所示为各种约束在绘图中的应用。

图 9-19　几何约束

三、尺寸标注约束

尺寸标注约束功能用来控制二维图形对象的大小、角度及两点间的距离等。此类约束可以是数值,也可以是变量及方程式。改变尺寸约束,则约束将驱动对象发生相应变化。以对齐标注约束为例,其各种尺寸约束的启动命令均如下:

①快捷命令:参见下文各约束。

②菜单栏中【参数化】→【尺寸约束】→【对齐】。

③【参数化】选项卡→【尺寸约束】面板→【对齐】。

④【参数化】工具栏→【对齐】。

1. 对齐标注约束　DCALIGNED

"对齐标注"用来约束不同对象上两个点之间的距离。此约束可以选定直线或圆弧,对象的端点之间的距离将受到约束;也可以选择直线和约束点,直线上的点与最近的点之间的距离将受到约束;还可以选择两条直线,直线将设为平行,并且直线之间的距离将受到约束。

2. 水平标注约束　DCHORIZONTAL

"水平标注"可以约束对象上的点或不同对象上两个点之间的 X 轴方向的距离。此约束可以选取点,也可以选择对象,系统将对选取的约束点采用用户输入的尺寸进行强制约束。

3. 竖直标注约束　DCVERTICAL

"竖直标注"可以约束对象上的点或不同对象上两个点之间的 Y 轴方向的距离。此约束选取的对象可以是两点,也可以是对象(如直线等)。

4. 角度标注约束　DCANGULAR

"角度标注"可以约束直线段或多段线段之间的角度、由圆弧或多段线圆弧扫掠得到的角度,或对象上三个点的角度。

5. 半径标注约束　DCRADIUS

"半径标注"可以约束圆或圆弧的半径,只用来强制约束圆或圆弧的半径大小,不约束或改变其位置值。

6. 直径标注约束　DCDIAMETER

"直径标注"可以用来约束圆或圆弧的直径,只用来强制约束圆或圆弧的直径大小,不约束或改变其位置值。直径标注约束与半径标注约束基本上相同。

图 9-20 所示为各种尺寸标注约束在绘图中的应用。

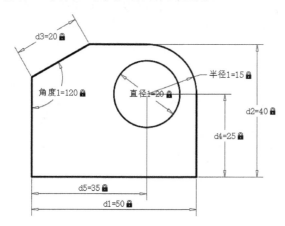

图 9-20　尺寸标注约束

任务 9.1　设置绘图环境(文字样式、标注样式、多重引线样式)

任务描述

AutoCAD 初次打开时,需要进行一些必要的设置,包括绘图界面、输入方式、快捷命令等方面的设置,目的是建立一个符合自己绘图习惯的环境,更有利于绘图速度的提高。这里所谓的通用设置,是指在后续所有打开的图形中都会起作用的设置。设置完毕后,用户需要将这些设置保存起来,以便今后随时调用或者快速应用到别的计算机上。

综上所述,在新建的 CAD 绘图文件中设置符合标注和绘图要求的文字样式、标注样式及多重引线样式。

任务实施

▶ 步骤1　设置文字样式

打开"文字样式管理器",新建样式名为"机械",SHX 字体设为"gbeitc. shx",并勾选大字体,大字体设为"gbcbig. shx",字高设为"0.0000",宽度因子设为"1.0000",倾斜角度设为"0"。设置完成后保存。

▶ 步骤2　设置总体标注样式

(1)打开"标注样式管理器",新建样式名为"机械",如图 9-21(a)所示。

(2)在"线"选项卡中将"超出尺寸线"设为 3,"起点偏移量"设为 0,如图 9-21(b)所示。

(3)在"符号和箭头"选项卡中将"箭头"形式设为"实心闭合","箭头大小"设为 3.5,如图 9-21(c)所示。

(4)在"文字"选项卡中,将文字样式设为"机械","文字大小"设为 3.5,"从尺寸线偏移量"设为 1,"文字对齐"设为"与尺寸线平齐",如图 9-21(d)所示。

(5)在"调整"选项卡中,将"调整选项"设为"文字和箭头(最佳效果)",将"文字位置"设为"尺寸线旁边",将"标注比例特征"设为"使用全局比例"且数值为 1,在"优化"选项组中选中"在尺寸界线之间绘制尺寸线"复选框。如图 9-21(e)所示。

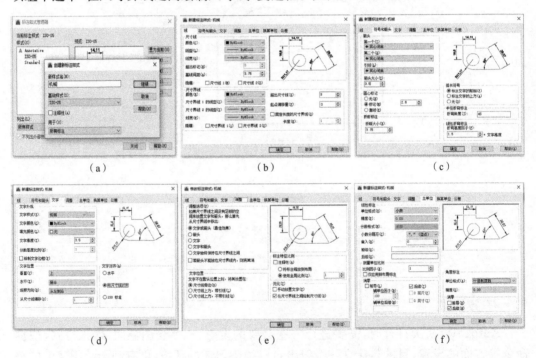

(a)　　　　　　　　　　(b)　　　　　　　　　　(c)

(d)　　　　　　　　　　(e)　　　　　　　　　　(f)

图 9-21　设置标注样式

(6)在"主单位"选项卡中,将"线性标注"的单位格式设为"小数","精度"设为 0.00,"小数分隔符"设为"句点.","测量比例因子"设为 1,在"消零"选项组中选中"后续"复选框。将"角度标注"的单位格式设为"十进制度数","精度"设为 0.00。"消零"将"后续"选中,如图 9-21(f)所示。

▶ **步骤 3　设置子标注样式**

（1）半径标注。在机械标注样式基础上，新建一个样式名为"半径"的子标注样式，如图 9-22（a）所示。其他设置基本不变化，只修改"文字"、"调整"选项卡部分参数，如图 9-22（b）（c）所示。

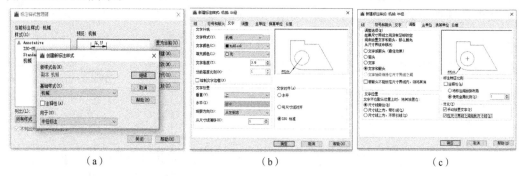

（a）　　　　　　　　　　（b）　　　　　　　　　　（c）

图 9-22　设置半径标注样式

（2）角度标注。在机械标注样式基础上，新建一个样式名为"角度"的子标注样式，如图 9-23（a）所示。修改"文字"选项卡部分参数，如图 9-23（b）所示。

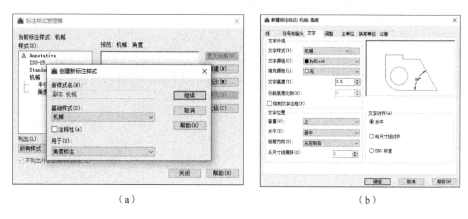

（a）　　　　　　　　　　　　　　　（b）

图 9-23　设置角度标注样式

（3）直径标注。在机械标注样式基础上，新建一个样式名为"直径"的子标注样式，如图 9-24（a）所示。修改"文字"、"调整"选项卡部分参数，如图 9-24（b）（c）所示。

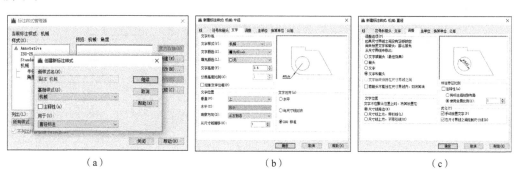

（a）　　　　　　　　　　（b）　　　　　　　　　　（c）

图 9-24　设置直径标注样式

全部设置完毕后,选中"机械"主样式,并置为当前。

▶ 步骤4 设置多重引线样式

打开"多重引线样式管理器",新建一个名为"序列号"的样式,如图9-25(a)所示。将"引线"选项卡中的"箭头符号"设为"小点",将"内容"选项卡中的"多重引线类型"设为"块",块选项中的"源块"设为"圆",如图9-25(b)(c)所示。

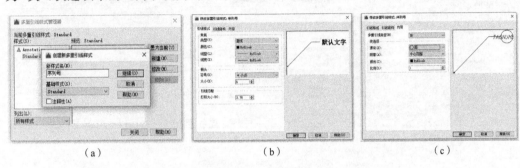

| (a) | (b) | (c) |

图 9-25 设置多重引线样式

任务 9.2 标注图形尺寸

任务描述

基于任务9.1的尺寸标注设置,按图9-26所示绘制图形并标注尺寸。

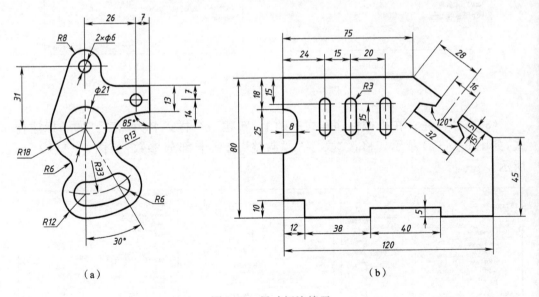

| (a) | (b) |

图 9-26 尺寸标注练习

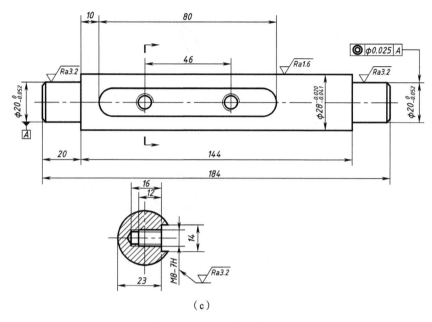

（c）

图 9-26　尺寸标注练习（续）

任务实施

▷ 步骤 1　在任务 9.1 的基础上设置绘图环境，包括图层、文字样式、标注样式。

▷ 步骤 2　在中心线层绘制中心线。

▷ 步骤 3　在轮廓线层绘制图 9-26 所示各图形。

▷ 步骤 4　在标注层标注尺寸，根据要求标注线性尺寸、半径尺寸、直径尺寸和角度尺寸。

▷ 步骤 5　在标注层标注形位公差。

▷ 步骤 6　检查、保存。

任务 9.3　利用参数化约束绘制图形

任务描述

如图 9-27 所示，利用参数化约束绘制图形。绘图完成后，通过测量可知，圆弧半径 $RX=25.78$，角度 $Y=35.68°$。

任务实施

▷ 步骤 1　如图 9-27 所示，绘制图形。

▷ 步骤 2　在图元上添加位置约束。

▷ 步骤 3　约束长度、角度标注。

▷ 步骤 4　修改标注尺寸。

▷ 步骤 5　测量。

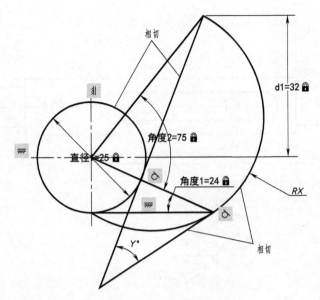

图 9-27 参数化约束练习

思 考 题

1. 多行文字的输入有哪些需要注意的事项?
2. 标注样式管理器有几个选项卡,分别有什么作用?
3. 几何约束有几种,分别应用在什么条件下?

　　图块是一组实体图形的总称,在该图形单元中,各实体可以具有各自的图层、线型、颜色等特征。在应用过程中,CAD 将图块作为一个独立的、完整的对象来操作。用户可以根据需要按一定比例和角度将图块插入到任一指定位置。由于图块是作为一个实体插入,CAD 只保存图块的整体特征参数,而不需要保存图块中每一个实体的特征参数。因此,在绘制相对复杂的图形时,使用图块可以大量节省空间。通过修改图块也可以为用户工作带来较大的方便,如果修改或更新一个已定义的图块,系统将自动更新当前图形中已插入的所有该图块。

　　制图过程中,有时常需要插入某些特殊符号供图形中使用,此时就需要运用到图块及图块属性功能。利用图块与属性功能绘图,可以有效地提高作图效率与绘图质量。也是绘制复杂图形的重要组成部分。

　　外部参照是一种类似于图块的图形引用方式,它和块的最大区别在于块在插入图形后图形数据会存储在当前文件中,不会随着原始图形改变而改变;而外部参照的数据并不增加到当前的图形文件中,而是始终储存在原始的、被引用的文件中,每次打开外部参照时,对被参照图形所做的修改都会更新到当前图形中。

【知识目标】

★ 了解块的概念和作用。

★ 熟练掌握块的创建方法。

★ 熟练掌握插入块和写块操作。

★ 掌握属性块的创建和编辑。

★ 学会插入外部参照。

【能力目标】

★ 能够熟练创建、插入并编辑图块。

★ 能够创建带文字属性的图块。

★ 能够使用外部参照插入图形。

★ 能够正确、完整、清晰地绘制装配图。

知识储备 10.1　图块

一、块的概念

　　保存图的一部分或全部,以便在同一个图或其他图中使用这个功能对用户来说是非常有用的。这些部分或全部的图形或符号(又称块)可以按所需方向、比例因子放置

(插入)在图中任意位置。块需命名(块名),并用其名字参照(插入)。可像对单个对象一样对块使用移动、删除等命令。通过选择块中的一个点,如果块的定义改变了,所有在图中对于块的参照都将更新,以体现块的变化。

块可用 BLOCK 命令建立,也可以用 WBLOCK 命令建立图形文件。两者之间的主要区别是一个"写块(WBLOCK)",可被插入到任何其他图形文件中,一个"块(BLOCK)",只能插入到建立它的图形文件中。

AutoCAD 的另一个特征是除了将块作为一个符号插入外(这使得参照图形成为它所插入图形的组成部分),还可以作为外部参照图形(Xref)。这意味着参照图形的内容并未加入当前图形文件中,尽管在屏幕上它们是当前图形的一部分。

二、块的优点

块的主要优点如下:

(1)图形经常有一些重复的特征。可以建立一个有该特征的块,并将其插入到任何所需的地方,从而避免重复绘制同样的特征。这种工作方式有助于减少制图时间,并可提高工作效率。

(2)可以建立和保存块以便以后使用。因此,可以根据不同的需要建立一个定制的对象库。例如,如果图形与齿轮有关,就可以先建立齿轮的块,然后用定制菜单(见二次开发部分)集成这些块。以这种方式,可以在 AutoCAD 中建立自己的应用环境。

(3)当向图形中增加对象时,图形文件的容量会增加。AutoCAD 会记下图中每个对象的大小与位置信息,如点、比例因子、半径等。如果用 BLOCK 命令建立块,把几个对象合并为一个对象,对块中的所有对象就只有单个比例因子、旋转角度、位置等,因此节省了存储空间。每一个多次重复插入的对象,只需在块的定义中定义一次即可。

(4)如果对象的规范改变了,图形就需要修改。如果需要查出每一个发生变化的点,然后单独编辑这些点,那将是一件很繁重的工作。但如果该对象被定义为一个块,就可以重新定义块,那么无论块出现在哪里,都将自动更正。

(5)属性(文本信息)可以包含在块中。在插入每一个块时,可定义不同属性值。

三、块的创建

块是一个用名字标识的一组实体。这一组实体能放进一张图纸中,可以进行任意比例的转换、旋转并放置在图形中的任意地方。创建块的命令启动方式如下:

①快捷命令:B(BLOCK)。

②菜单栏中【绘图】→【块】→【创建】。

③【默认】选项卡→【块】面板→【创建】。

④工具栏中【绘图】→【创建块】。

具体操作过程如下:

执行命令后,弹出图 10-1 所示的"块定义"对话框。

"块定义"对话框中各选项的含义如下:

(1)名称:在此下拉列表框中输入新建块的名称,最多可使用 255 个字符。该下拉列表框中显示了当前图形的所有图块。

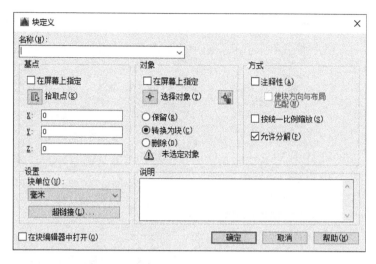

图 10-1　"块定义"对话框

（2）基点：插入的基点。用户可以在 X/Y/Z 文本框中输入插入点的 X、Y、Z 的坐标值；也可以单击拾取点按钮，用十字光标直接在作图屏幕上点取。理论上，用户可以任意选取一点作为插入点，但实际操作中，建议用户选取实体的特征点作为插入点，如中心点、右下角等。

（3）对象：单击此按钮，AutoCAD 切换到绘图窗口，用户在绘图区中选择构成图块的图形对象。在该设置区中有如下几个选项：保留、转换为块和删除。它们的含义如下：

保留：保留显示所选取的要定义块的实体图形。

转换为块：选取的实体转化为块。

删除：删除所选取的实体图形。

（4）预览图标：设置图形时的图标。在该设置区中，有"不包括图标"和"从块的几何图形创建图标"两个按钮。用户如果单击"不包括图标"按钮，则设置预览图形时包含图标；如果单击"从块的几何图形创建图标"按钮，则设置预览图形时从块的几何结构中创建图标。

（5）拖放单位：插入块的单位。在下拉列表框中用户可选取所插入块的单位。

（6）说明：详细描述。用户可以在说明输入框中详细描述所定义图块的资料。

小贴士：块的名称最多 31 个字符，必须符合命名规则，不能与已有的块名相同；用BLOCK 或 BMAKE 创建的块只能在创建它的图形文件中应用。

四、写块

BLOCK 命令定义的块只能在同一张图形中使用，而有时用户需要调用别的图形中所定义的块。AutoCAD 提供一个写块（WBLOCK）命令来解决这个问题。写块命令的启动方式如下：

快捷命令：WB（WBLOCK）。

执行命令后弹出"写块"对话框，如图 10-2 所示。

"写块"对话框中各选项的含义如下：

图 10-2　"写块"对话框

（1）源：用户可以通过块、整个图形、对象 3 个单选按钮来确定块的来源。

（2）基点：插入的基点。

（3）对象：选取对象。

（4）目标：有两个选项：

文件名和路径：设置输出文件名及路径。

插入单位：插入块的单位。

小贴士：用户在执行 WBLOCK 命令时，不必先定义一个块，只需将所选择的图形实体作为一个图块保存即可。当所输入的块不存在时，弹出"AutoCAD 提示信息"对话框，提示块不存在，是否要重新选择。在多视窗中，WBLOCK 命令只适用于当前窗口。

五、插入块

用户可以使用 INSERT 命令在当前图形或其他图形文件中插入块，无论块或所插入的图形多么复杂，AutoCAD 都将它们作为一个单独的对象，如果用户需要编辑其中的单个图形元素，就必须分解图块或文件块。

在插入块时，需确定以下几组特征参数，即要插入的块名、插入点的位置、插入的比例系数以及图块的旋转角度。插入块的命令启动方式如下：

①快捷命令：I（INSERT）。

②菜单栏中【插入】→【块】。

③【默认】选项卡→【块】面板→【插入】。

④工具栏中【绘图】→【插入块】。

执行命令后弹出"插入"对话框，如图 10-3 所示。

"插入"对话框中各选项的含义如下：

（1）名称：该下拉列表框中列出了图样中的所有图块，用户可选择要插入的块。如果要把图形文件插入当前图形中，单击"浏览"按钮，然后选择要插入的文件。

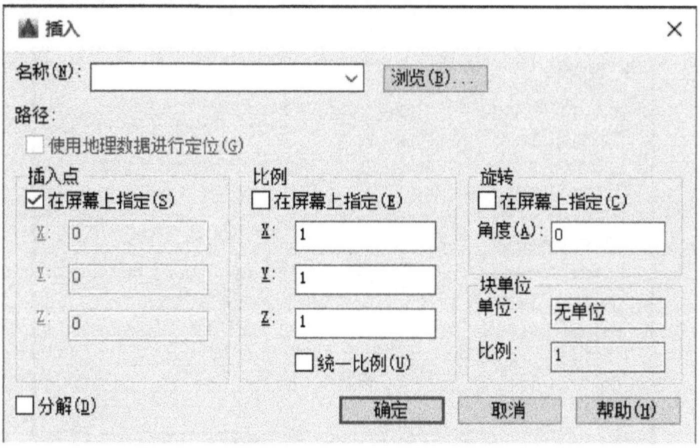

图 10-3 "插入"对话框

（2）插入点：确定图块的插入点。可直接在 X、Y、Z 文本框中输入插入点的绝对坐标值，或是选中"在屏幕上指定"复选框，然后在屏幕上指定。

（3）缩放比例：确定块的缩放比例。可直接在 X、Y、Z 文本框中输入沿这 3 个方向的缩放比例因子，也可选中"在屏幕上指定"复选框，然后在屏幕上指定。

统一比例：该选项使块沿 X、Y、Z 方向的缩放比例都相同。

（4）旋转：指定插入块时的旋转角度。可在"角度"文本框中输入旋转角度值，或是选中"在屏幕上指定"复选框，然后在屏幕上指定。

（5）分解：若用户选择该选项，则 AutoCAD 在插入块的同时分解块对象。

知识储备 10.2 块 的 属 性

在 AutoCAD 中，可以使块附带属性，属性类似于商品的标签，包含了图块所不能表达的各种文字信息，如材料、型号和制造者等，存储在属性中的信息一般称为属性值。当用 BLOCK 命令创建块时，将已定义的属性与图形一起生成块，这样块中就包含属性了，当然，用户也能仅将属性本身创建成一个块。

属性是块中的文本对象，它是块的一个组成部分。属性从属于块，当用删除命令删除块时，属性也被删除了。

属性有助于用户快速产生关于设计项目的信息报表，或者作为一些符号块的可变文字对象。属性也常用来预定义文本位置、内容或提供文本默认值等，例如把标题栏中的一些文字项目定制成属性对象，就能方便地填写或修改。

一、创建块属性

插入块的启动命令方式如下：

①快捷命令：ATTDEF。

②菜单栏中【绘图】→【块】→【定义属性】。

③【默认】选项卡→【块】面板→【属性】。

执行命令后弹出"属性定义"对话框,如图 10-4 所示,用户利用此对话框创建块属性。

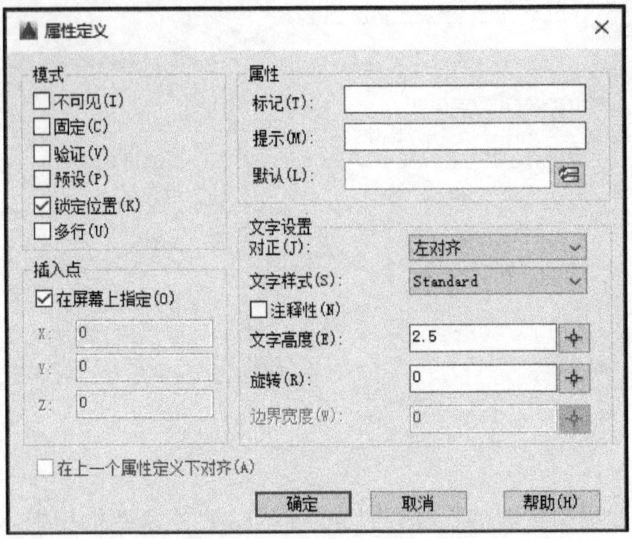

图 10-4 "属性定义"对话框

"属性定义"对话框中常用选项的含义如下:

1. 属性

标记:属性的标志。

提示:输入属性提示。

默认:属性的默认值。

2. 模式

不可见:控制属性值在图形中的可见性。如果想使图中包含属性信息,但不想使其在图形中显示出来,就选中这个选项。

固定:选中该选项,属性值将为常量。

验证:设置是否对属性值进行校验。若选择该选项,则插入块并输入属性值后,AutoCAD 将再次给出提示,让用户校验输入值是否正确。

预置:该选项用于设定是否将实际属性值设置成默认值。若选中此选项,则插入块时,AutoCAD 将不再提示用户输入新属性值,实际属性值等于"默认"文本框中的值。

3. 插入点

拾取点:单击此按钮,AutoCAD 切换到绘图窗口,并提示"起点"。用户指定属性的放置点后,按[Enter]键返回"属性定义"对话框。

X、Y、Z 文本框:在这 3 个文本框中分别输入属性插入点的 X、Y 和 Z 坐标值。

4. 文字设置

对正:该下拉列表框中包含了十多种属性文字的对齐方式。

文字样式:从该下拉列表框中选择文字样式。

文字高度:用户可直接在文本框中输入属性文字高度,或单击"高度"按钮切换到绘图窗口,在绘图区中拾取两点以指定高度。

旋转:设定属性文字旋转角度。

小贴士：属性标志可以由字母、数字、字符等组成，但是字符之间不能有空格，且属性标志不能为空。

二、编辑属性

1. 编辑属性定义

创建属性后，在属性定义与块相关联之前（即只定义了属性但没定义块时），用户可对其进行编辑。编辑属性的命令启动方式如下：

①快捷命令：DDEDIT。

②菜单栏中【修改】→【对象】→【文字】→【编辑】。

③双击属性值。

调用 DDEDIT 命令，AutoCAD 提示"选择注释对象"，选取属性定义标记后，弹出"编辑属性定义"对话框，如图 10-5 所示。在此对话框中用户可修改属性定义的标记、提示及默认值。

图 10-5 "编辑属性定义"对话框

2. 编辑块的属性

与插入到块中的其他对象不同，属性可以独立于块而单独进行编辑。用户可以集中编辑一组属性。编辑块属性的命令启动方式如下：

①快捷命令：ATTEDIT。

②菜单栏中【修改】→【对象】→【属性】→【单个】。

③【默认】选项卡→【块】面板→【编辑属性】。

④工具栏中【修改Ⅱ】→【编辑属性】。

执行命令后 AutoCAD 提示"选择块"，用户选择要编辑的图块后，弹出"增强属性编辑器"对话框，如图 10-6 所示。在此对话框中用户可对块属性进行编辑。

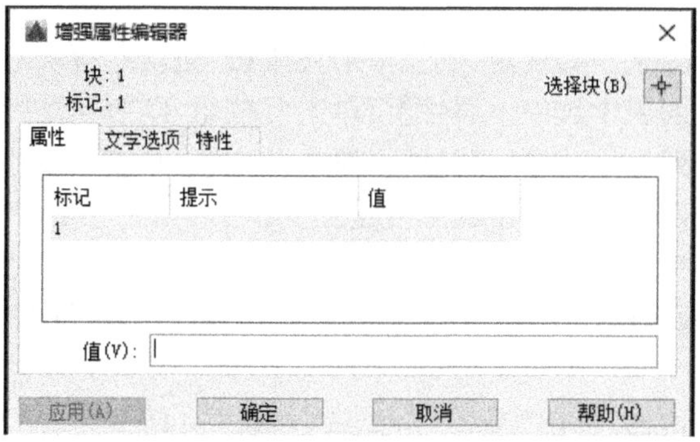

图 10-6 "增强属性编辑器"对话框

"增强属性编辑器"对话框中有 3 个选项卡：属性、文字选项和特性，它们有如下功能。

(1)"属性"选项卡。在该选项卡中，AutoCAD 列出当前块对象中各个属性的标记、提示和值。选中某一属性，用户就可以在"值"文本框中修改属性的值。

(2)"文字选项"选项卡。该选项卡用于修改属性文字的一些特性，如文字样式、字高等。选项卡中各选项的含义与"文字样式"对话框中同名选项含义相同。

(3)"特性"选项卡。在该选项卡中用户可以修改属性文字的图层、线型和颜色等。

3. 块属性管理器

用户通过块属性管理器，可以有效地管理当前图形中所有块的属性，并能进行编辑。

可用以下任意一种方法启动块属性管理器：

①快捷命令：BATTMAN。

②菜单栏中【修改】→【对象】→【属性】→【块属性管理器】。

③【默认】选项卡→【块】面板→【块属性管理器】。

④工具栏中【修改Ⅱ】→【块属性管理器】。

执行 BATTMAN 命令后，弹出"块属性管理器"对话框，如图 10-7 所示。

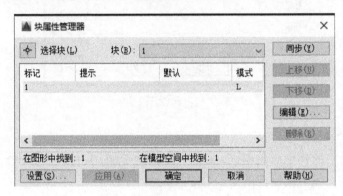

图 10-7 "块属性管理器"对话框

"块属性管理器"对话框中常用选项的功能如下：

(1)选择块：通过此按钮选择要操作的块。单击该按钮，AutoCAD 切换到绘图窗口，并提示："选择块"，用户选择块后，返回到"块属性管理器"对话框。

(2)"块"下拉列表框：用户也可通过此下拉列表框选择要操作的块。该列表显示当前图形中所有具有属性的图块名称。

(3)同步：用户修改某一属性定义后，单击此按钮，更新所有块对象中的属性定义。

(4)上移：在属性列表中选中一属性行，单击此按钮，则该属性行向上移动一行。

(5)下移：在属性列表中选中一属性行，单击此按钮，则该属性行向下移动一行。

(6)删除：删除属性列表中选中的属性定义。

(7)编辑：单击此按钮，弹出"编辑属性"对话框，该对话框有 3 个选项卡：属性、文字选项、特性。这些选项卡的功能与"增强属性管理器"对话框中同名选项卡的功能类似，这里不再赘述。

(8)设置：单击此按钮，弹出"设置"对话框。在该对话框中，用户可以设置在"块属性管理器"对话框的属性列表中显示哪些内容。

知识储备 10.3　外 部 参 照

外部参照是把已有的图形文件插入到当前图形文件中。不论外部参照的图形文件多么复杂，AutoCAD 只会把它当作一个单独的图形实体。外部参照（Xref）与插入文件块相比有如下优点：

由于外部参照的图形并不是当前图样的一部分，因而利用 Xref 组合的图样比通过文件块构成的图样要小。

每当 AutoCAD 装载图样时，都将加载最新的 Xref 版本，因此若外部图形文件有所改动，则用户装入的引用图形也将跟随着变动。

利用外部参照将有利于几个人共同完成一个设计项目，因为 Xref 使设计者之间可以容易地察看对方的设计图样，从而协调设计内容；另外，Xref 也使设计人员可以同时使用相同的图形文件进行分工设计。例如，一个建筑设计小组的所有成员通过外部引用就能同时参照建筑物的结构平面图，然后分别开展电路、管道等方面的设计工作。

一、引用外部图形

可用以下任意一种方法来启动外部参照命令：

①快捷命令：XA(XATTACH)。

②菜单栏中【插入】→【外部参照】。

③【默认】选项卡→【参照】面板。

④工具栏中【参照】。

执行命令后，弹出"选择参照文件"对话框，从中选择外部引用图形后，弹出"附着外部参照"对话框，如图 10-8 所示。

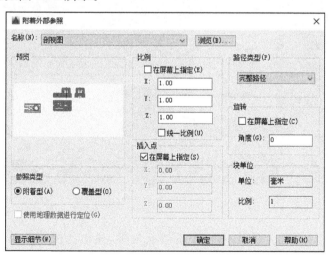

图 10-8　"附着外部参照"对话框

"附着外部参照"对话框中各选项的功能如下：

（1）名称：该下拉列表框中显示了当前图形中包含的外部参照文件名称，用户可在列表中直接选取文件，或是单击"浏览"按钮查找其他参照文件。

（2）附加型：图形文件 A 嵌套了其他的 Xref，而这些文件是以"附加型"方式被引用的，当新文件引用图形 A 时，用户不仅可以看到 A 图形本身，还能看到 A 图中嵌套的 Xref。附加方式的 Xref 不能循环嵌套，即如果 A 图形引用了 B 图形，而 B 又引用了 C 图形，则 C 图形不能再引用图形 A。

（3）覆盖型：图形 A 中有多层嵌套的 Xref，但它们均以"覆盖型"方式被引用，即当其他图形引用 A 图时，就只能看到 A 图形本身，而其包含的任何 Xref 都不会显示出来。覆盖方式的 Xref 可以循环引用，这使设计人员可以灵活地查看其他任何图形文件，而无须为图形之间的嵌套关系担忧。

（4）插入点：在此选项组中指定外部参照文件的插入基点，可直接在 X、Y、Z 文本框中输入插入点坐标，或是选中"在屏幕上指定"复选项，然后在屏幕上指定。

（5）比例：在此选项组中指定外部参照文件的缩放比例，可直接在 X、Y、Z 文本框中输入沿这 3 个方向的比例因子，或是选中"在屏幕上指定"复选项，然后在屏幕上指定。

（6）旋转：确定外部参照文件的旋转角度，可直接在"角度"文本框中输入角度值，或是选中"在屏幕上指定"复选框，然后在屏幕上指定。

二、更新外部引用文件

当对所引用的图形作了修改后，AutoCAD 并不自动更新当前图样中的 Xref 图形，用户必须重新加载以更新它。在"外部参照管理器"对话框中，可以选择一个引用文件或者同时选取几个文件，然后单击附着按钮以加载外部图形，如图 10-9 所示。由于可以随时进行更新，因此用户在设计过程中能及时获得最新的 Xref 文件。

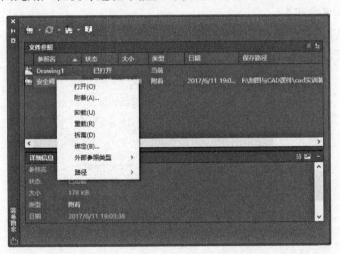

图 10-9　"外部参照管理器"对话框

在图 10-9 所示的对话框中，右击外部参照文件，弹出的快捷菜单中的命令有如下功能：

（1）附着（A）：选择此命令，弹出"选择参照文件"对话框，用户通过此对话框选择要插入的图形文件。

（2）拆离（D）：若要将某个外部参照文件去除，可在列表框中右击此文件，在弹出的快捷菜单中选择"拆离"命令。

（3）重载（R）：在不退出当前图形文件的情况下更新外部引用文件。

（4）卸载（U）：暂时移走当前图形中的某个外部参照文件，但在列表框中仍保留该文件的路径，当希望再次使用此文件时，选择此命令即可。

（5）绑定（B）：通过此按钮将外部参照文件永久地插入当前图形中，使之成为当前文件的一部分。

知识储备 10.4　插　入　文　件

在绘制图形过程中，如果正在绘制的图形前面已经绘制过，可以通过插入块命令插入已有的文件。

操作过程如下：

（1）执行"插入块"命令，弹出"插入"对话框，如图 10-10 所示。

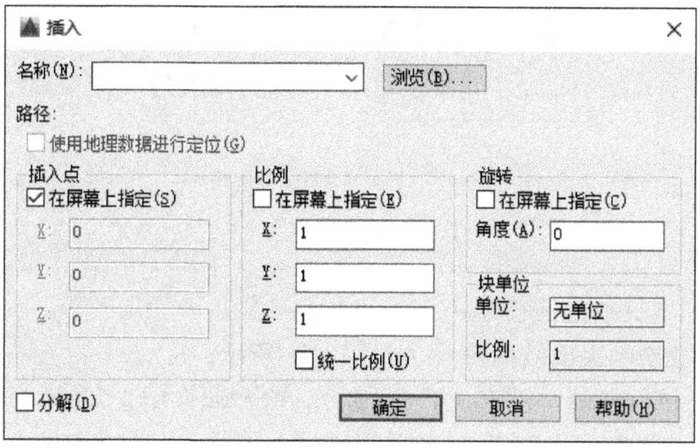

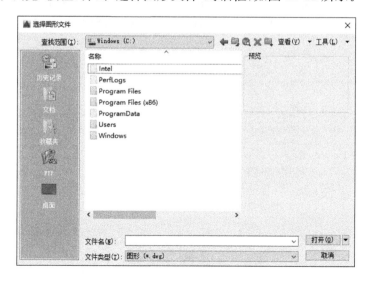

图 10-10　"插入"对话框

（2）单击"浏览"按钮，弹出"选择图形文件"对话框，如图 10-11 所示。

图 10-11　"选择图形文件"对话框

（3）选择所需的图形文件，单击"打开"按钮，返回到"插入"对话框。以下操作与插入块相同。

任务 10.1　创建表面结构符号

任务描述

在图 10-12 所示的球阀阀芯零件图中，用"块"命令在指定位置插入表面结构符号。

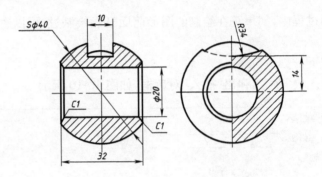

图 10-12　球阀阀芯

任务实施

▷ 步骤 1　定义块的属性

（1）按照标准绘制表面结构符号，如图 10-13 所示。

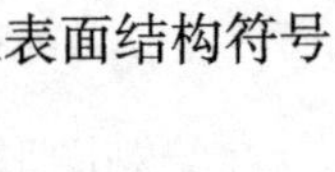

（2）选择"绘图"→"块"→"定义属性"命令，弹出"属性定义"对话框，在"标记"文本框中输入"A"，它主要用来标记属性，也可用来显示属性所在的位置。在"提示"文本框中输入"表面结构符号的值"，它是插入块时命令行显示的输入属性的提示。在"默认"文本框中不输入任何值，这是属性值的默认值，一般把最常出现的数值作为默认值，如输入的数值经常改变，可不写。设置好的属性对话框如图 10-14 所示。

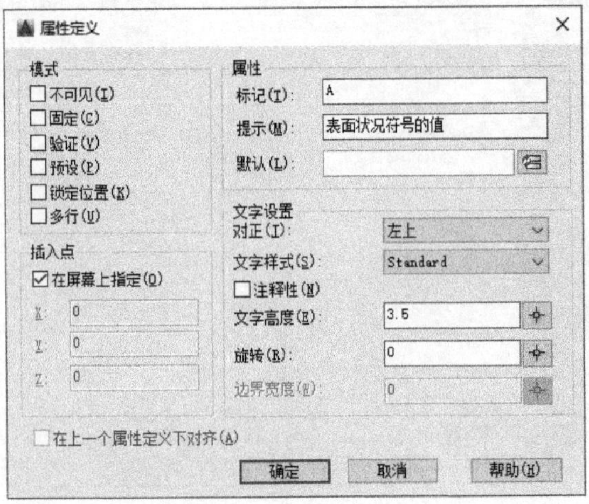

图 10-13　表面结构符号

图 10-14　设置好的属性对话框

（3）文字对正选择"左上"，单击"拾取点"按钮，选取表面结构符号最上横线左边端点，来指定属性值所在的位置。再次弹出"属性定义"对话框时，单击"确定"按钮，表面结构符号变为如图 10-15 所示图形。

图 10-15　属性标
签显示

▶ **步骤 2　建立带属性的块**

执行"创建块"命令，选择整个图形和属性及块的插入点，单击"确定"按钮，一个有属性的块就做成了。块的基点设在三角形的底端顶点处。

▶ **步骤 3　图块保存为单独的图形文件**

若要保留定义的块，供其他图形文件调用，需执行 WBLOCK 命令。在命令行中输入"WBLOCK（W）"命令，弹出"写块"对话框，在"目标"选项组中设置"文件名和路径"及"插入单位"，如图 10-16 所示。

图 10-16　"目标"选项组中各选项的设置

▶ **步骤 4　插入带属性的块**

（1）新建一文件，绘制图 10-12 所示的图形。

（2）执行"插入块"命令，弹出"插入"对话框，选择定义好的带属性的块进行插入。

（3）根据不同要求，在零件图中插入多个块，注写不同文字和数值，最终结果如图 10-17 所示。

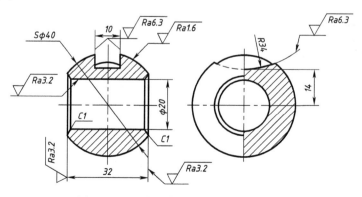

图 10-17　已注写表面结构的阀芯零件图

任务 10.2 绘制标题栏

任务描述

绘制如图 10-18 所示的标题栏，把它定义为一个带属性的块。（带括号的内容设成属性，插入时可根据具体情况填写内容。）

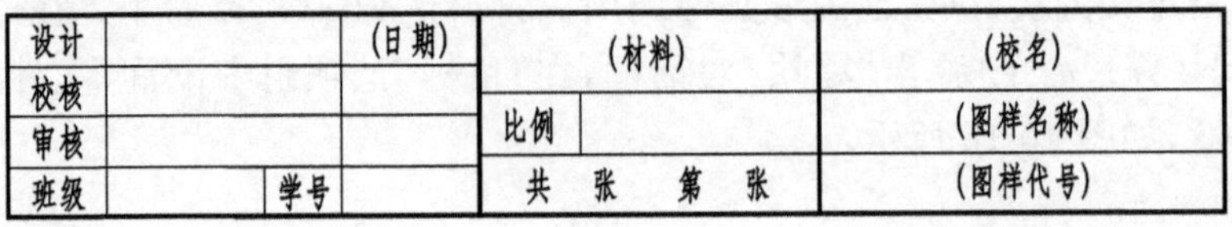

设计
(日期)
(材料)
(校名)
校核
审核
比例
(图样名称)
班级
学号
共 张 第 张
(图样代号)

图 10-18 标题栏

任务实施

步骤 1 画出标题框

如图 10-19 所示，粗细实线应设在不同的图层上。

15
35
20
15
4×7.5(=30)
9
9
12
60
180

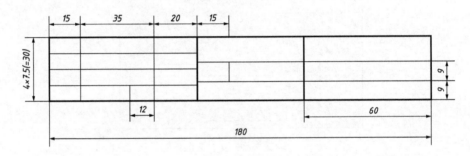

图 10-19 标题框

步骤 2 填充文字

先建一个文本样式。设文本类型为 gbeitc. shx，并选择使用“大字体”复选框，大字体式样为 gbcbig. shx，高度设为 0（这样在输入文字时，可根据需要设成不同的高度），利用单行输入命令，输入文字，如图 10-20 所示。

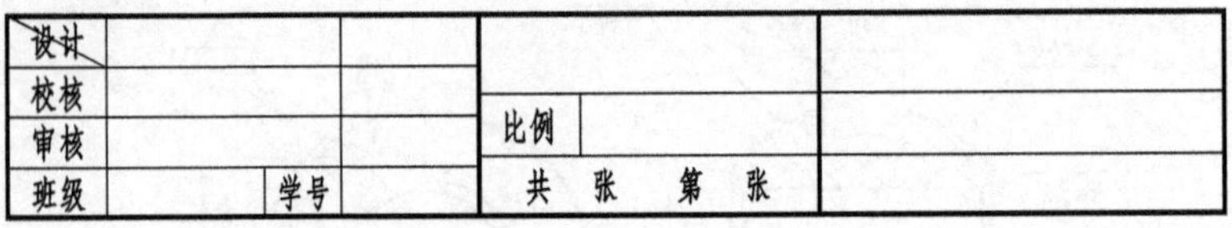

设计
校核
审核
比例
班级
学号
共 张 第 张

图 10-20 输入不带属性的部分

步骤 3 指定属性

(1)选择“绘图”→“块”→“定义属性”命令，弹出“属性定义”对话框，用户可以指定属性标签、提示和值。

（2）单击"插入点"选项组中的"拾取点"按钮，在绘图区指定要插入属性的位置，返回到"属性定义"对话框后，单击"确定"按钮。标题栏变成图 10-18 所示外观。

▶ 步骤 4　定义块并将其存为文件

（1）创建块。执行"创建块"命令，选择整个图形和属性及块的插入点（取图形的右下角为插入点），单击"确定"按钮，一个有属性的块就做成了。

（2）将所定义的块保存为文件，可供其他文件使用。

命令 Wblock(W)，操作方法见任务 10.1。

任务 10.3　绘制装配图

任务描述

装配图是表达机器或部件的图样，主要反映机器或部件的工作原理、装配关系、结构形状和技术要求，是指导机器或部件的安装、检验、调试、操作、维护的重要参考资料，同时又是进行技术交流的重要技术文件。图 10-21 所示为安全阀效果图，图 10-22 所示为安全阀爆炸图。

图 10-21　安全阀效果图

图 10-22　安全阀爆炸图

与手工绘图相比，用 AutoCAD 绘制装配图的过程更容易、更有效。设计时，可先将各零件准确地绘制出来，然后拼画成装配图，同时，在 AutoCAD 中修改或创建新的设计方案及拆画零件图也变得更加方便。

本任务以安全阀为载体，主要讲解如何运用 AutoCAD 采用图块插入法，将零件图定制图块后拼画装配图的方法。安全阀的基本组成零件为阀体、阀盖、阀门、螺杆、阀帽等，其绘图步骤为将装配图中的各个零部件的图形先制作成图块，然后再按零件间的相对位置将图块逐个插入，拼画成装配图。

任务实施

▶ 步骤 1　拼画装配图的步骤。

（1）绘图前应当进行必要的设置，统一图层线型、线宽、颜色，各零件的比例应当一致，为了绘图方便，比例选择为 1∶1。

（2）各零件的尺寸必须准确，可以暂不标尺寸和填充剖面线；或在制作零件图块之前把零件上的尺寸层、剖面线层关闭，将每个零件用"写块"WBLOCK 命令定义为 dwg 文件。为方便零件间的装配，块的基点应选择在与其零件有装配关系或定位关系的关键点上。

▶ 步骤 2　绘制如图 10-23 所示装配图。

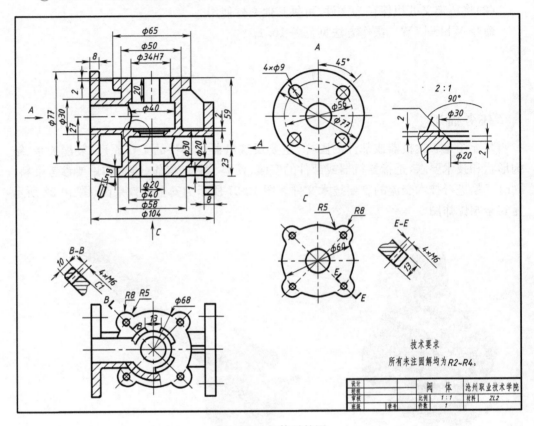

图 10-23　阀体零件图

（1）建立各零件图块。首先把零件图打开，用层对话框将尺寸层关闭，然后制作块。

（2）调用 A2 样板图，绘图环境可根据需要进行修改。

（3）调入主要零件（如图 10-23 中的阀体），然后沿着阀体轴线，逐个插入阀盖、阀门、托盘、垫片、螺杆和阀帽（见图 10-24～图 10-29）。插入后，如果需要擦除不可见的线段，须先将插入的块分解，效果如图 10-30～图 10-32 所示。

（4）根据零件间的装配关系，添加绘制安全阀必需的螺母、螺栓和弹簧（见图 10-33），检查各零件间是否有干涉现象。

（5）根据所需比例对装配图进行缩放，再按照装配图中标注尺寸的要求标注尺寸及公差，最后填写标题栏和明细表。结果如图 10-34 所示。

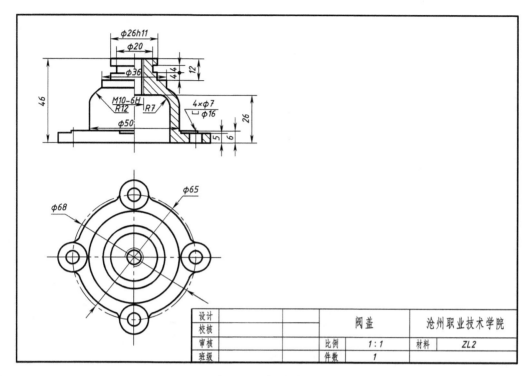

图 10-24　阀盖零件图

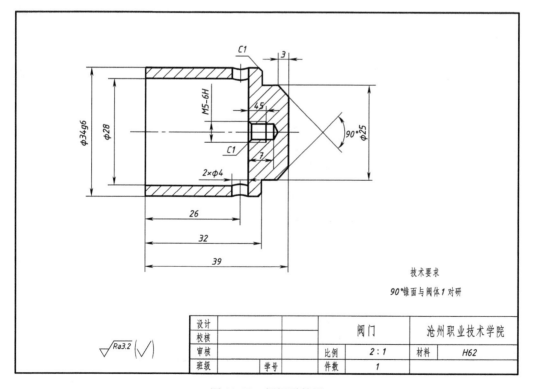

图 10-25　阀门零件图

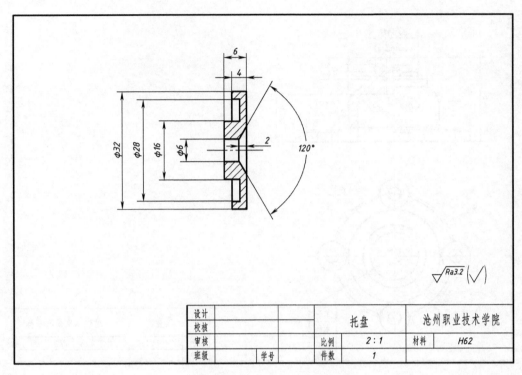

图 10-26　托盘零件图

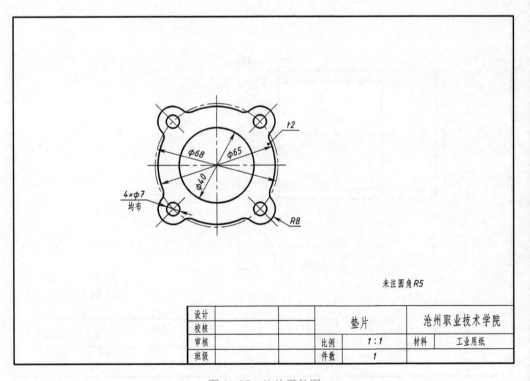

图 10-27　垫片零件图

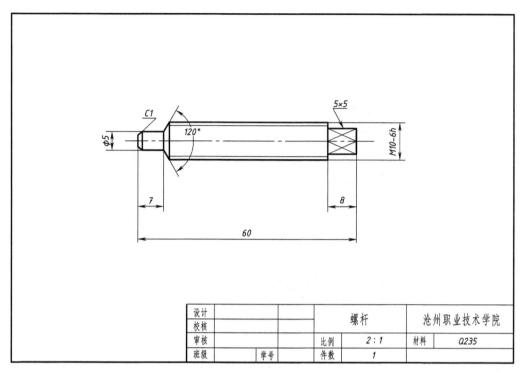

设计			螺杆		沧州职业技术学院	
校核						
审核			比例	2:1	材料	Q235
班级		学号	件数	1		

图 10-28　螺杆零件图

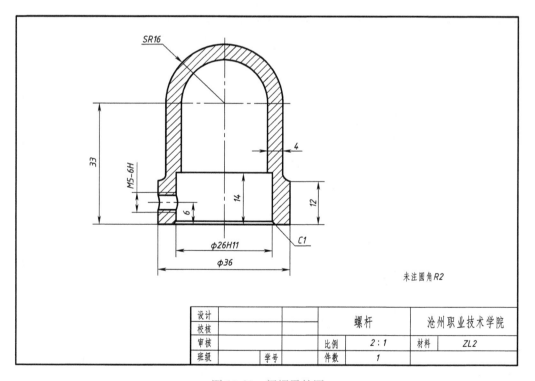

未注圆角R2

设计			螺杆		沧州职业技术学院	
校核						
审核			比例	2:1	材料	ZL2
班级		学号	件数	1		

图 10-29　阀帽零件图

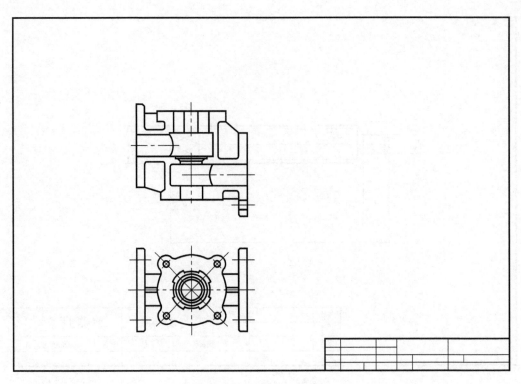

图 10-30 插入阀体视图

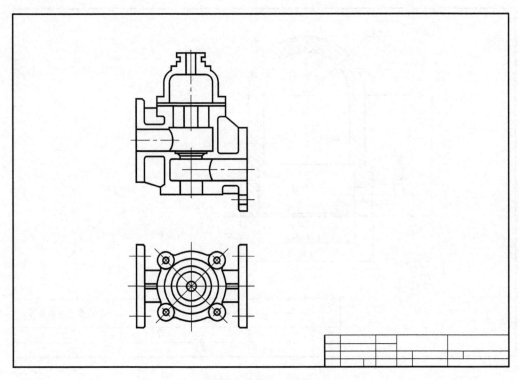

图 10-31 插入阀盖视图

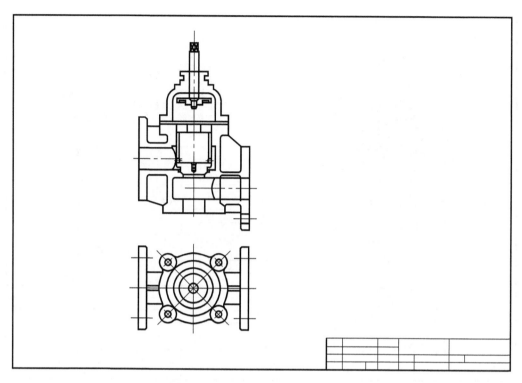

图 10-32　插入螺杆、阀门、托盘视图

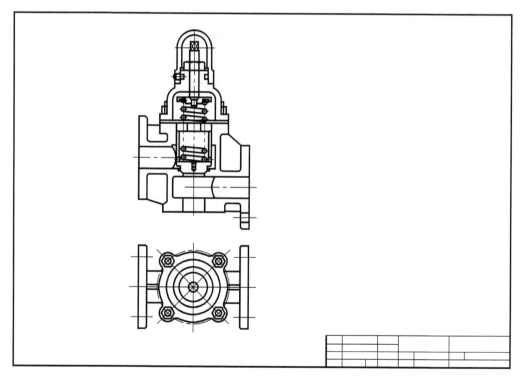

图 10-33　插入阀帽视图·补全螺栓、弹簧

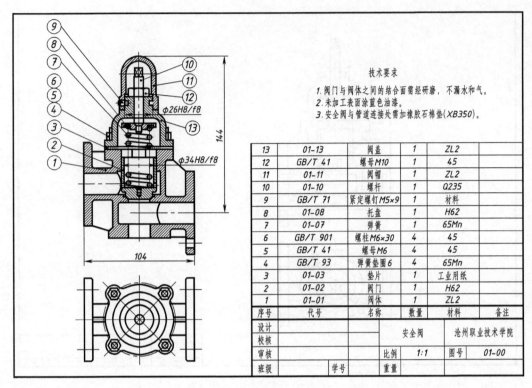

技术要求

1. 阀门与阀体之间的结合面需经研磨，不漏水和气。
2. 未加工表面涂蓝色油漆。
3. 安全阀与管道连接处需加橡胶石棉垫(XB350)。

13	01-13	阀盖	1	ZL2	
12	GB/T 41	螺母M10	1	45	
11	01-11	阀帽	1	ZL2	
10	01-10	螺杆	1	Q235	
9	GB/T 71	紧定螺钉M5×9	1	材料	
8	01-08	托盘	1	H62	
7	01-07	弹簧	1	65Mn	
6	GB/T 901	螺柱M6×30	4	45	
5	GB/T 41	螺母M6	4	45	
4	GB/T 93	弹簧垫圈6	4	65Mn	
3	01-03	垫片	1	工业用纸	
2	01-02	阀门	1	H62	
1	01-01	阀体	1	ZL2	
序号	代号	名称	数量	材料	备注
设计				安全阀	沧州职业技术学院
校核					
审核			比例	1:1	图号 01-00
班级		学号		重量	

图 10-34　安全阀装配图

思 考 题

1. 在使用 AutoCAD 2016 中图块的用途有哪些？
2. 创建带有文字属性的图块的步骤有哪些？
3. 在拼画装配图时，选择零件的插入顺序时的思路是什么？

参 考 文 献

[1] 中国国家标准化管理委员会.产品几何技术规范(GPS)技术产品文件中表面结构的表示法：GB/T 131—2006[S].北京：中国标准出版社，2006.

[2] 中国国家标准化管理委员会.产品几何技术规范(GPS)几何公差 形状、方向、位置和跳动公差标注：GB/T 1182—2008[S].北京：中国标准出版社，2006.

[3] 劳动和社会保障部.国家职业标准：制图员[M].北京：中国劳动社会保障出版社，2006.

[4] 胡建生.中、高级制图员(机械类)知识测试考试指导[M].北京：化学工业出版社，2007.

[5] 安增桂.机械制图[M].2版.北京：中国铁道出版社，2012.

[6] 倪森寿，袁锋.机械基础[M].北京：高等教育出版社，2000.

[7] 郑春禄.工程制图与 AutoCAD[M].西安：西安交通大学出版社，2014.

[8] 龙马高新教育.AutoCAD 2016 中文版完全自学手册[M].北京：人民邮电大学出版社，2017.